La Guia Definitiva para entender Six Sigma

Luis Diaz / Jorge Huerta

ISBN:978-607-29-1910-5

DEDICATORIA

A nuestras familias que nos apoyaron en cada etapa de esta guía y cuyo animo y aliento nos permitio continuar y llegar a la culminación de este proyecto.

CONTENIDO

AGRADECIMIENTOS

Gracias a todo nuestro euipo de Investigación que hizo posible la realización de esta guía. Gracias por todas las experiencias que se compartieron de manera que pudimos profundizar en los fundamentos de Calidad y de Six Sigma

Prólogo

Este libro que ha llegado a tus manos es una recopilación de temas que conforman la metodología del Six Sigma. Es el manual que siempre quisimos tener al iniciar nuestras carreras como ingenieros recién graduados en Aeronáutica y Electromecánica. Es la guía con la que todo Black Belt comenzó un gran camino de aprendizaje para convertirse en un maestro de los procesos de manufactura. Es la obra que recopila las técnicas que toda empresa manufacturera debería de implementar en sus procesos productivos para cosechar enormes ganancias.

¿Pero qué es el Six Sigma?

Es una poderosa herramienta que popularmente se ha convertido en un sinónimo de calidad y eficiencia. Comúnmente descrito por los ejecutivos de la alta dirección en muchas empresas como:

"Estándar de calidad que solo permite 3.4 piezas defectuosas en un millón de oportunidades".

Pero la realidad es que pocas veces se comprende la profundidad del concepto. En el mundo de la probabilidad y estadística la letra sigma representa la desviación estándar de un grupo de datos. Es una medida para calcular que tan dispersos están un grupo datos con respecto al promedio de dichos datos. El número 6 solo dice que tenemos seis desviaciones estándar.

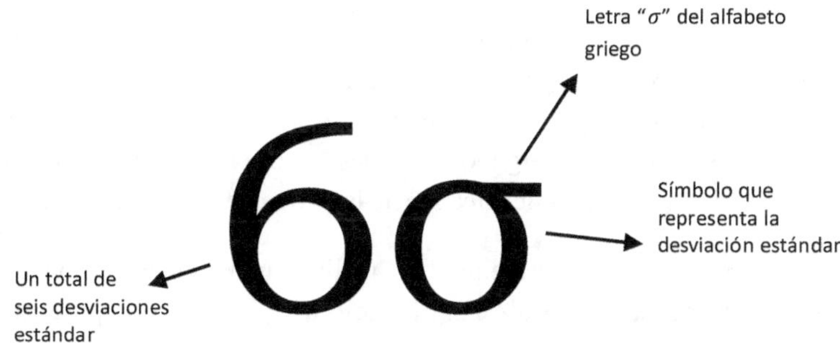

Six sigma es el corazón de la metodología DMAIC desarrollada por Bill Smith ingeniero de Motorola y cuyas letras significan: Definir, Medir, Analizar, Mejorar y Controlar. Six Sigma es la parte técnica de dicha metodología que sirve a muchos profesionales y conocedores del campo para encontrar una solución rápida y verdadera a los problemas. Si quitáramos el Six Sigma, la metodología DMAIC sería tan solo otra metodología más para resolver problemas.

¿Porque escoger esta guía si actualmente ya existen grandes cantidades de información disponible?

Porque nos encontramos en una era tecnológica en donde la información abunda, pero abunda en grandes cantidades y de manera desorganizada. Vivimos en una esfera con mucho ruido, saturados con conocimiento disponible al alcance de un clic, pero dicho conocimiento no tiene ni orden ni secuencia y solo una pequeña fracción es realmente útil y relevante.

Por lo que, esta guía agrupa los aspectos más importantes y relevantes que necesitas para realizar proyectos de Six Sigma de forma personal y en tu lugar de trabajo y poder así comenzar tu camino hacia convertirte en un experto.

El principal objetivo que busca este valioso manual que tienes en tus manos es condensar la información útil que se tiene en el tema de Six Sigma y ponerla a tu disposición de una forma interesante, amena y práctica de forma que te ayude a implementar los métodos estadísticos a tu propia búsqueda de resolver problemas. El objetivo es elevar tus capacidades y habilidades personales.

¿Alguna vez te has preguntado cual es la diferencia entre conocimiento y sabiduría? El conocimiento es información, pero la sabiduría es saber cómo aplicar la información para obtener un beneficio. O sea, la sabiduría es el conocimiento correctamente aplicado que agrega valor.

De esta forma es de gran importancia que adquieras la mentalidad de un solucionador de problemas y un deseo por dominar los métodos estadísticos aquí descritos de forma que ya no seas principiante sino un profesional en desenmarañar la compleja realidad donde yacen los problemas esperando ser descubiertos y resueltos. Algunos simples y otros más bien intrincados y complejos, pero nunca fuera del alcance de la poderosa herramienta de Six Sigma.

El Six Sigma es una herramienta que te dará una ventaja competitiva para sobresalir entre la multitud y alcanzar la mejora de los procesos productivos a un nivel de excelencia.

Capítulo 1

Introducción y Definición de la Calidad

(El origen y fundamento de la Calidad.)

*"La Calidad comienza con Intención,
la cual es fijada por el líder".*

-W. Edwards Deming.

Desde el principio de los tiempos, la búsqueda de la excelencia ha sido un rasgo característico de la especie humana. La humanidad ha trabajado arduamente para alcanzar la perfección en múltiples ámbitos; arquitectura, escritura, pintura, escultura; etc. La realidad es que cuando obramos con excelencia y contemplamos nuestra creación, podemos sentir un cierto grado de satisfacción interna, una sensación de logro que nos hace sentir orgullosos de nuestra creación. De cierta manera, obrar con excelencia es obrar con calidad, pero obrar de esta manera queda a la interpretación de cada persona. Por lo que es necesario primeramente definir el concepto de calidad. Sin embargo, definir un concepto tan abstracto como la calidad no es tarea sencilla, por lo que, para poder definir el concepto, vamos a tratar de evocar el sentimiento que nos produce presenciar la excelencia (calidad) y lo compararemos con presenciar la mediocridad (la no calidad).

Por ejemplo, ¿qué sensación te produce admirar alguna de las 7 maravillas del mundo? Como las pirámides de Egipto. ¿Qué emoción te provoca escuchar las sinfonías clásicas de Bach, Beethoven o Mozart? ¿Qué sentimiento evoca en tu persona ver una jugada olímpica ganadora? ¿Cómo describirías la sensación de conducir un vehículo último modelo de la gama lujosa? ¿Cuál es el sabor de comer en un restaurante de cinco estrellas?

Por el contrario, ¿Cuál sería tu reacción si encontraras un insecto en la comida que ordenaste en el restaurante local?, ¿Qué sentimiento tendrías si la pantalla de tu nuevo celular no encendiera al día siguiente de haberlo adquirido? ¿Qué emoción te provoca ser ignorado por el empleado de una tienda departamental? ¿Cómo te sentirías si el concierto de tu artista preferido fuera cancelado de último momento y la empresa no te reembolsara tu dinero?

Desde un punto de vista emocional, entonces, la calidad es la habilidad de cumplir y/o exceder nuestras expectativas. Por lo que la calidad pudiera resultar ser mayor o menor a lo que se esperaba. Si es mayor a lo que uno esperaba, podríamos decir que se tiene calidad. Pero si es menor a lo que uno esperaba, pudiéramos decir que no tiene Calidad. Por lo que, la calidad es relativa y depende de la persona que tiene la experiencia.

Hoy en día, gracias a la globalización y la industria del consumismo, somos espectadores de un gran desfile de productos tanto de excelente, como de pésima calidad. Y es solamente en base a nuestros criterios y experiencias del pasado que podemos tener la habilidad de diferenciar entre productos de buena y mala calidad.

Por ejemplo, nuestra marca favorita de café. ¿Cómo podemos aseverar que la marca es de buena calidad? Muy seguramente porque tiene un buen sabor. Pero no solamente porque tiene buen sabor, sino también porque su sabor es constantemente bueno, ya que siempre nos produce la misma satisfacción positiva de consumirlo. En otras palabras, el producto es de nuestra preferencia porque presenta poca variación en el proceso de preparación.

Por lo tanto, de manera práctica podríamos decir que la calidad es la habilidad de producir buenos resultados de manera consistente y con poca variación. Bajo esta declaración, podemos concluir que la variación contribuye a una baja calidad.

¿Pero por qué se habla de la calidad? Y ¿Por qué es necesario la implementación de un control de calidad? No existen registros históricos de control de calidad hasta el siglo 19 y antes no se hablaba de calidad ni de métodos de control estadísticos que ayudaran a controlar la variabilidad de los procesos. Esto debido a que, durante todos los años anteriores a la época de control estadístico, los responsables de manufacturar los productos eran los expertos con conocimiento en sus áreas de trabajo. Los herreros aprendían el arte de la herrería a prueba y error y solamente acumulando la experiencia eran capaces de forjar el metal y crear excelencia. Los carpinteros aprendían a diferenciar los tipos de madera, la dirección del corte, los mejores tipos de uniones y eran capaces de crear la perfección. Los tejedores y costureros trabajaban con ardua paciencia para crear moda y belleza.

En el momento en que ciertos individuos con perspicacia para negocios vieron el potencial de obtener grandes ganancias con la producción en masa de los productos básicos, se comenzó a hablar de calidad y de control estadístico de proceso. Debido a que no sería redituable tener a 20, 50, o 500 expertos para hacer un producto, los empresarios se vieron obligados a delegar la tarea a alguien que no tiene la experiencia en la fabricación del producto (pero que cobrara un salario menor).

En los años 1920, el Doctor en ciencias Walter Stewart trabajó para laboratorios Bell aplicando los métodos de control de la estadística aplicada para monitorear y controlar la variabilidad en los procesos de manufactura de la industria de los teléfonos Bell. Estos mismos métodos de control estadísticos fueron utilizados en la producción de armamento para el ejército estadounidense durante la segunda guerra mundial.

Pero el concepto de calidad se fue consolidando hacia los años 50´s y 60´s gracias al trabajo de Edward Deming y Joseph Juran quienes lo redefinieron de distintas maneras. Primeramente, establecieron que la calidad en un producto existe si y solo si el cliente encuentra satisfactorio el uso de su producto, cuya definición contrastaba con un entendimiento anterior de que la calidad consistía en cumplir con los requisitos y especificación demandados por el cliente.

Para entender mejor el concepto veamos algunas ideas de los padres fundadores de la calidad. Una vez comprendidas sus ideas, pudiésemos agrupar los múltiples puntos de vista e integrar en un solo concepto.

- ♦ Edward Deming: "Calidad es uniformidad a bajo costo."
- ♦ Joseph Juran: "Calidad es satisfacer las necesidades del cliente."
- ♦ Dr. Feigenbaum: "Calidad es dirigir una organización de manera eficiente".
- ♦ Dr. Crosby: "Calidad es apego a los requerimientos."
- ♦ Kaoru Ishikawa: "La calidad es el reflejo de nuestras acciones."
- ♦ Henry Ford: "La calidad es hacer lo correcto cuando nadie está viendo".

Aunado a las definiciones de los estos gurús, hay una definición muy interesante de Blanton Godfrey. Mencionaba que la calidad es una relación entre el valor que se ofrece y el precio que se paga. Si el valor que ofrecemos es superior al de nuestro competidor, tendremos éxito en los negocios.

De acuerdo con la norma ISO, Calidad se define como "Grado en el cual un conjunto de características inherentes cumple los requerimientos".

Por último y no menos importante, David Garvin propone una manera más completa para definir la calidad. Menciona que la calidad tiene varias definiciones dependiendo del enfoque:

- Enfoque Trascendente. Nivel de excelencia. Se entiende intuitivamente a través de la experiencia de forma universal, pero es difícil de definir y comunicar como la belleza o el amor.
- Enfoque del Producto. El Producto posee atributos y características superiores en comparación con otros.

- Enfoque de Valor. Se define en términos de Costo y Precio.
- Enfoque de Manufactura. Cumplimiento a las especificaciones del diseñador.
- Enfoque del Usuario. El producto posee aptitud para el uso previsto. Es funcional.

Si agrupamos las ideas expuestas podemos decir que **La calidad es producir con un nivel de excelencia que satisface consistentemente los requerimientos del diseñador y las necesidades del cliente al menor costo.**

De manera general: La Calidad se refleja en Satisfacción del Cliente, Eficiencia en la Producción y Competitividad en Precio.

Es claro que para alcanzar esta loable meta en cualquier organización que se dedique a producir un bien o brindar un servicio es necesario un sistema bien estructurado que funcione de forma fluida.

Ejemplos de estos sistemas son los propuestos por los padres de la calidad, el propuesto por ISO y más reciente el enfoque six sigma. Sin embargo, el mejor sistema pudiera ser un sistema de calidad a la medida que considera elementos de los diferentes modelos disponibles. Un ejemplo de un sistema tradicional pudiera ser descrito de la siguiente manera:

Modelo Tradicional Manufacturero					
Marketing	Diseño	Ingeniería	Producción	Calidad	Logística
Estudia y comprende las necesidades del cliente. Promueve el producto de la empresa.	Evalúa y traduce las necesidades del cliente en características y especificaciones.	Determina los materiales y procesos a emplear para producir de acuerdo a las especificaciones.	Sigue las instrucciones de ingeniería, fabrica el producto y asegura los pedidos del cliente.	Asegura que el producto cumpla las especificaciones emitiendo un juicio de apariencia y desempeño.	Gestiona el empaque y trasporte del producto al cliente.

Estas actividades son llamadas de línea debido ya que son directamente responsables para la creación y entrega del producto. También existen otras actividades de soporte que están asociadas con producir un producto de calidad como: laboratorios, calibraciones, entrenamiento, mantenimiento, sistemas, etc. Estas son llamadas actividades de infraestructura o de soporte.

Es importante aclarar que las responsabilidades de cada departamento deben de estar claramente definidas para evitar posibles conflictos entre los departamentos de línea y los de soporte. Sólo de esta manera se logrará dentro de tiempo, la meta común de producir y entregar un producto que satisfaga las necesidades del cliente. Tal sistema es llamado Sistema Total de Calidad. El control y la coordinación de los elementos del sistema para que funcione de manera fluida se logran definiendo las políticas y procedimientos internos de la compañía.

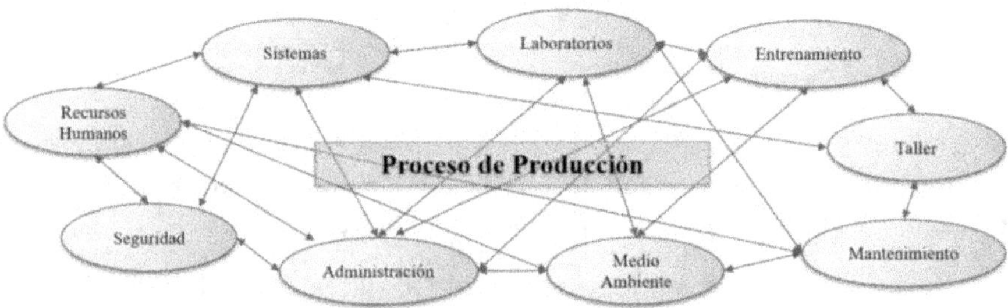

En los principios de la manufactura y aproximadamente hasta los años 90, existió una costumbre muy arraigada en las altas direcciones de grandes empresas de delegar la labor del control de la calidad del producto a un departamento en particular. La práctica consistía en delegar esta responsabilidad a un grupo de trabajo que validara y asegurara el cumplimiento de todas las especificaciones del cliente. Y de esta manera el resto de los departamentos se concentrarían en otras actividades directamente relacionadas a su trabajo.

Desafortunadamente, las grandes empresas se dieron cuenta que este modelo de trabajo no era el más apropiado ni el más eficiente debido a que los departamentos que no velaban por la calidad en su trabajo diario, eventualmente dejaron de preocuparse de trabajar con calidad. Es por esto que fue necesario realizar un cambio cultural para crear conciencia en todos los empleados de la organización sobre las necesidades del cliente. Un cambio de paradigma que enfatizara que cada empleado tiene responsabilidad compartida para satisfacer las necesidades del cliente.

Cambio de Paradigma

En el pasado...

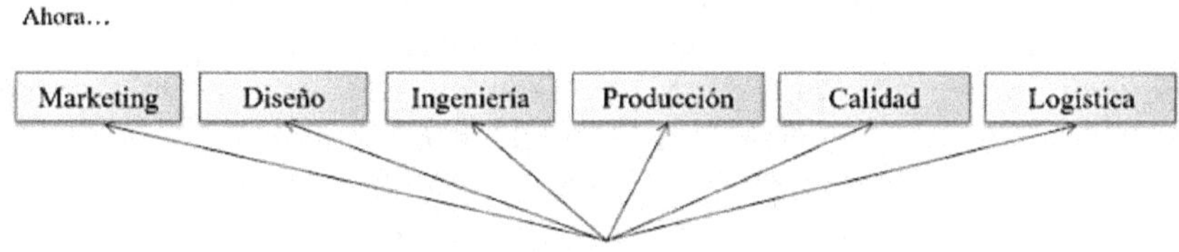

El control de la calidad del
producto era responsabilidad de
un solo departamento.

Ahora...

La Calidad en el Producto Final es Responsabilidad de Todos.

Todas las Actividades deben reflejar un enfoque al Cliente.

Finalmente es necesario recalcar que el esfuerzo por mejorar la calidad y mantener satisfecho al cliente es un proceso continuo y permanente. Primeramente, debido a que las necesidades del cliente se mantienen en constante cambio y segundo, por la competencia a la que la organización deberá enfrentarse si desea mantener al cliente.

Una de las bases para la mejora permanente es y lograr fabricar un producto mejor y más a la medida del cliente es mediante la implementación sistemática del círculo de Deming.

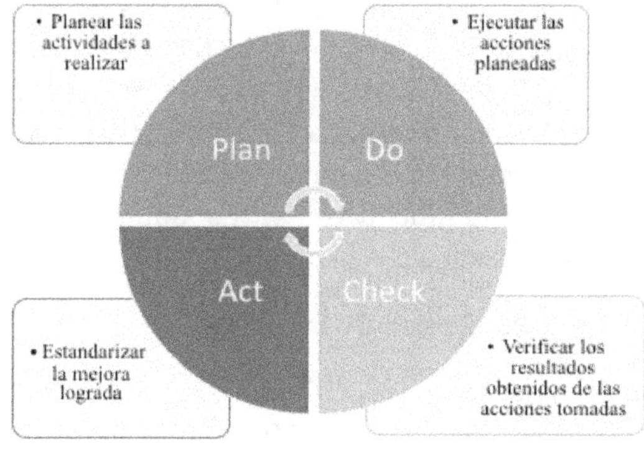

¿Cuál crees que sea la consecuencia de actuar sin calidad?

A continuación, repasaremos algunos ejemplos históricos catastróficos anclados a la NO CALIDAD.

Si naciste en la década de los 70s o antes seguramente recordaras el terrible acontecimiento de 1986. Hubo un evento trágico en el lanzamiento del transportador (poner nombre del viaje) de la nave espacial Challenger por la NASA. La causa de la tragedia fue un problema de Calidad: Se reventaron unos empaques o-ring que funcionaban para producir sello. Los gerentes de la NASA estaban conscientes que el diseño de sus proveedores tenía una falla potencialmente catastrófica en los O-rings. Pero fallaron al enfrentar el problema. Rompieron una regla de Calidad la cual era tener una relación de beneficio mutuo con sus proveedores. Siempre debemos asegurar que nuestros proveedores son capaces de entregar resultados óptimos. La NASA hizo caso omiso a las advertencias de sus ingenieros sobre los peligros de hacer el lanzamiento a bajas temperaturas. Otra regla de Calidad rota: No tomar un enfoque basado en datos para tomar una decisión. Debemos conocer los hechos y usarlos. La pérdida humana: 7 vidas. La pérdida financiera: más de 1 billón de dólares. El costo de rediseñar los O-rings: Algunos miles de dólares.   Como dijo Aristóteles: "La Calidad no es un Acto sino un Hábito"

Otro ejemplo de mala Calidad fue el ocurrido en Toyota en el 2009 cuando la compañía mando llamar 9 millones de carros debido a unos frenos defectuosos los cuales producían una aceleración no intencional. La Calidad había sido siempre la meta número 1 de Toyota. Ellos viven la mejora continua. Pero en 1990 Toyota decidió convertirse en la compañía de carros más grande del mundo. La calidad paso a ser segundo término. Primero Crecimiento. Segundo Calidad. Hubo menos compromiso de sus empleados y menos el compartir las mejores prácticas. La regla de Calidad rota fue: Menor involucramiento de su gente. Tomando la responsabilidad, el presidente de Toyota; Akio Toyoda se disculpó e interrumpió las ventas y la producción de 8 modelos en fase de lanzamiento. En este caso se siguió una regla fundamental de Calidad: Ser proactivo y modelo a seguir. La pérdida humana: 52 muertes y 38 heridos. Perdida Financiera: 5.5 billones de dólares. Como dijo el Sr. Philip Crosby: "La Calidad es el resultado de un ambiente cultural cuidadosamente construido".

Pero entonces, **¿Cuál será el costo de la calidad?**

Muchas organizaciones no saben las pérdidas que sostienen en no hacer productos de Calidad. Al realizar un estudio de TQC (por sus siglas en inglés; Total Quality Cost) podríamos saber cuánto está siendo afectado el margen de utilidad y de esta manera proponer proyectos de mejora de manera que los ahorros obtenidos de dichos proyectos, se vean reflejados en las ganancias de la compañía.

La forma de pensar de Deming era: "El costo de falla tiene que ser reducido a cero o cercano a cero. No importa lo que cueste la inspección/prevención. La mejora debe ser continua hasta alcanzar la excelencia". Por otro lado, hay quien piensa que la Calidad debe mejorarse hasta un "Nivel Económico". El nivel económico se alcanza cuando los costos de Calidad (Prevención/Inspección) son iguales a los de No Calidad (Problemas internos y externos). De manera general y en base a estudios previos se ha encontrado que en 4 años de trabajo continuo estos 2 costos se igualan alcanzando el nivel económico.

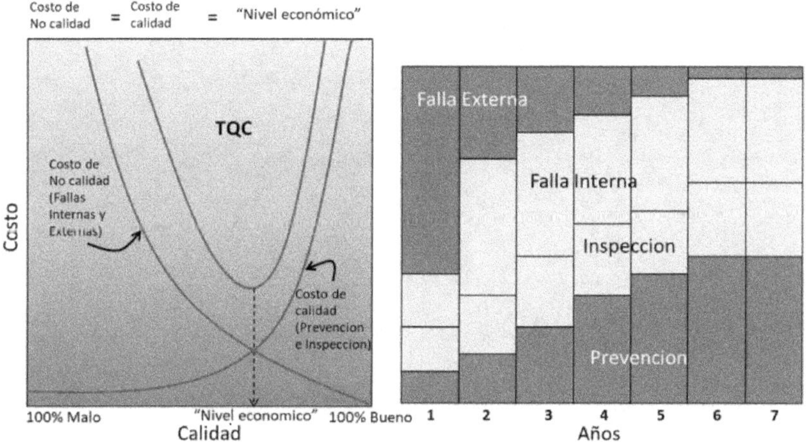

El costo de la no calidad (Problemas Internos y Externos) se puede resumir en la siguiente frase del Sr. Warren Buffet: "Toma 20 años construirse una reputación y 5 minutos en destruirla. Si piensas de esta manera, harás las cosas de forma diferente"

La confianza y credibilidad que se gana, no tiene precio. Debemos esforzarnos por alcanzar por todos los medios posibles implementar una conciencia de calidad que guie todas nuestras acciones hacia una cultura total de Calidad.

En resumen:

- La calidad puede ser definida como satisfacer consistentemente los requerimientos del diseñador y las necesidades del cliente al menor costo. Para tener un sistema de calidad instalado en una compañía, es necesario definir las relaciones y responsabilidades de los diferentes departamentos que lo integran y poder lograr la creación de productos de calidad. En el pasado, el departamento de calidad tenía la responsabilidad de asegurar el control de la calidad en el producto y/o servicio. Actualmente, la calidad es responsabilidad de todos.

- Mejora Perpetua (Kaizen) El esfuerzo por mantener y mejorar la calidad del producto, así como mantener satisfecho al cliente es un proceso continuo debido a que sus necesidades cambian constantemente.

- Total Quality Cost: Estudio que evalúa el costo de la Calidad y la No calidad que tiene una empresa. El costo de la Calidad es la prevención e inspección. El costo de la No Calidad es el costo de la corrección de fallas internas y externas.

Capítulo 2

Naturaleza del Problema y Mejores Prácticas para resolverlos.

(La mentalidad necesaria en six sigma.)

"Los grandes problemas aparecen cuando la gente no se da cuenta de que los tiene en primer lugar."
-W. Edwards Deming.

En el capítulo anterior hablamos extensamente sobre la calidad. El objetivo de este capítulo es hablar de lo que afecta la calidad y estos son los problemas. Los problemas son básicamente fuerzas contrarias a la calidad. Estos siempre existirán y cuando hayamos resuelto algunos siempre vendrán nuevos y más complicados. Es por eso que vamos a tratar de definir y categorizar los problemas.

Al resolver problemas, es importante que los encontremos y actuemos con iniciativa para resolverlos. Siempre que tengamos un problema debemos pensar en ello como un reto y una oportunidad de cambio para alcanzar algo mejor. De esta manera dedicaremos nuestras energías a resolver con iniciativa los problemas en nuestro lugar de trabajo.

¡Precaución! Cuando enfrentamos un problema, la reacción natural es tomar de inmediato una medida para resolver. Esto es un error inherente a la forma como los humanos operamos. Para ejemplificar esta afirmación, piensa en la siguiente pregunta que podría hacerte un amigo y en lo que posiblemente le responderíamos. ¿Qué harías si tu amigo te dijera que se siente mal? ¿Indagaríamos más sobre su malestar?, le preguntaríamos porque se siente mal? o le recomendaríamos hacer algo en específico? La mayoría de nosotros le recomendaría una acción. Esto nos lleva a colocar uno de los fundamentos más importantes en la teoría de solución de problemas. Antes de pensar en la acción para eliminar algún problema, debemos investigar a profundidad cuales podrían ser las causas de origen y no solo atacando síntomas. Esto queda ejemplificado en la secuencia de abajo.

1.- Qué?	2.- Por qué?	3.- Como?
Que es el problema a detalle.	Cuáles son las posibles causas.	Como vamos a resolver o eliminar las posibles causas.

Si mantener o mejorar la calidad significa en su mayor parte resolver problemas es importante primeramente que entendamos la definición de problema, que definamos la naturaleza de los problemas y en base a ello seleccionar el mejor enfoque o la mejor metodología para resolverlos.

¿Qué es un problema?

Todos utilizamos a diario la palabra problema sin realmente pensar acerca de ello. Si de pronto nos preguntaran que lo definiéramos, tal vez sería difícil dar una definición rápida. Un problema es una circunstancia que una persona percibe conscientemente o subconscientemente y que la persona o la organización a la que ella pertenece tiene que resolver. La forma de pensar de calidad define al problema de la siguiente manera:

"Un problema es una diferencia entre la situación actual y la ideal".

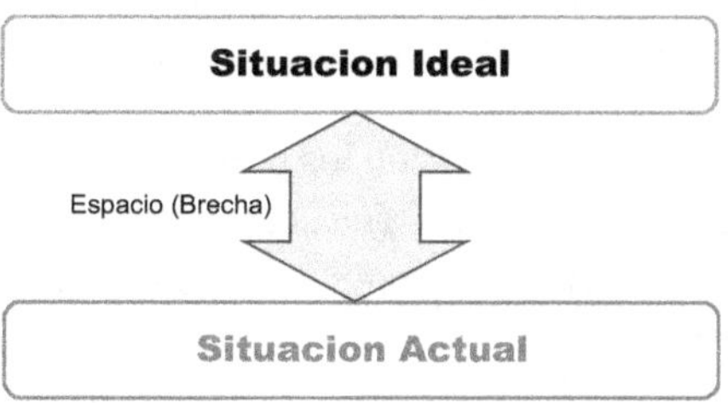

Los problemas pueden ser clasificados de la siguiente manera:

1. De acuerdo a como captan nuestra atención:

1.1). - Problemas diarios. Estos son todos aquellos problemas que aparecen repentinamente y que tenemos que resolver de inmediato. Este tipo de problemas son los que aborda la gente que llamamos apaga fuegos. Siempre atendiendo emergencias y cosas urgentes.

1.2). - Problemas que nos dan para resolver. Estos problemas generalmente son asignaciones que nos dan nuestros superiores para abordar y resolver. Pueden ser considerados como proyectos a corto o mediano plazo.

1.3). - Problemas que nosotros mismos hemos detectado o en los que hemos pensado resolver. Estos son los problemas que activamente buscamos y que salen a la luz cuando la gente empieza a cuestionar el status-quo y se pregunta si necesita ser mejorado o alcanzar mejores niveles de desempeño. Aunque en la actualidad las cosas estén fluyendo y ocurriendo de manera aceptable.

2. De acuerdo al grado de obviedad de la causa y contramedida necesitada (dificultad de la solución).

2.1). - Problemas simples (tipo A). Estos son problemas que tienen causas simples   donde la acción necesaria para resolverla es obvia.

Podemos resolver este tipo de problemas usando nuestra inteligencia basada en nuestro conocimiento actual, experiencia y habilidades.

2.2). - Problemas que requieren cierto nivel de tecnología (tipo B). Un problema cae en esta categoría si hemos identificado sus causas, pero no sabemos cómo resolverlo. Problemas de este tipo generalmente requieren cierto nivel de tecnología o inversión en equipo y frecuentemente no pueden ser resueltos sin la ayudad de los superiores y gerentes.

Algo que debemos recordar con los problemas A y B es que: Aquello que pensamos que es la causa frecuentemente resulta que no lo es la verdadera causa. Por lo tanto, es importante recolectar datos para confirmar esto.

2.3). - Problemas donde la acción necesaria se cree conocer, pero la causa que lo origina se desconoce (tipo C). Este tipo de problemas requiere extremo cuidado y atención. Actuar o tomar acciones bajo la ignorancia de las causas de un problema significa que estamos atacando los síntomas, pero no eliminando la causa raíz. En estos casos se pueden tomar medidas para que un defecto no fluya al siguiente proceso o se propague más allá de ciertos límites, pero no se podrán tomar medidas de prevención que evite la potencial recurrencia.

2.4). - Problemas que valen la pena resolver (tipo D). Problemas de este tipo son extremadamente difíciles debido a que ni las causas ni las contramedidas son conocidas. Este es exactamente el tipo de problemas que los líderes en los lugares de trabajo deberían tomar como reto para resolver. Problemas de este tipo no pueden ser resueltos sin usar las herramientas de calidad y sin desarrollar los talentos y las habilidades del grupo para seguir las metodologías de solución de problemas. Los beneficios que se acumulan al resolver tales problemas son proporcionales a su dificultad y estos son el mejor tipo de problemas para mejorar las habilidades en solución de problemas de la gente.

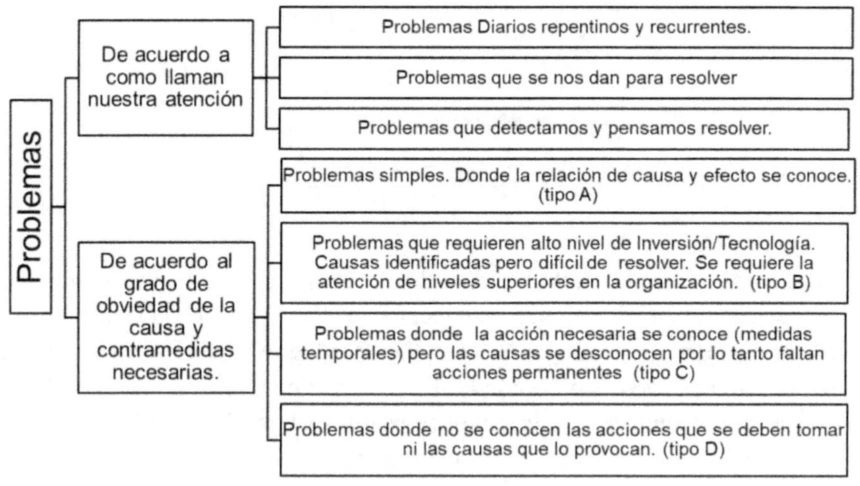

Problema	Tipo
Reducir el numero de defectos instalando un pokayoke	Simple (tipo A)
Debido a que la temperatura no se controla, instalar un termostato para ajustarla automáticamente.	Simple (tipo A)
Las ventas han caído debido a que el competidor ha abierto una nueva tienda cercas.	Atención (tipo B)
El producto tiene contaminación porque el cuarto limpio donde se produce no esta suficientemente limpio.	Atención (tipo B)
Una compañía que enfrenta gran cantidad de defectos agrega un proceso de inspección especial para detectar los defectos antes de embarcar.	Temporal (tipo C)
Reducir el tiempo para localizar y extraer archivos	Complejo (tipo D)
Reducir el numero de errores de ensamble en copiadoras de alta velocidad.	Complejo (tipo D)
Mejorar la productividad eliminando el desperdicio, desproporción o desgaste.	Complejo (tipo D)

En síntesis, los problemas se clasifican en problema simple, problema que requiere atención superior, problema con solo solución temporal, y problema complejo que vale la pena resolver.

		B Problema que requiere inversión y atención del staff y superiores	D Problema que vale la pena resolver
Contramedida	No Se conoce		
	Se conoce	A Problema Simple	C Problema con solución Temporal. Se desconoce la causa raíz.
		Se conoce	No se conoce
		Causa	

Como puedo resolver un problema complejo (tipo D). Los problemas complejos no pueden ser solucionados simplemente mediante juicio intuitivo. Estos problemas requieren un enfoque analítico. Los 2 enfoques analíticos para resolver problemas son: El Teórico (deductivo) y el Practico (Inductivo). El enfoque teórico es usualmente utilizado para realizar investigación de laboratorio. El enfoque práctico es el más efectivo para problemas en lugares de trabajo.

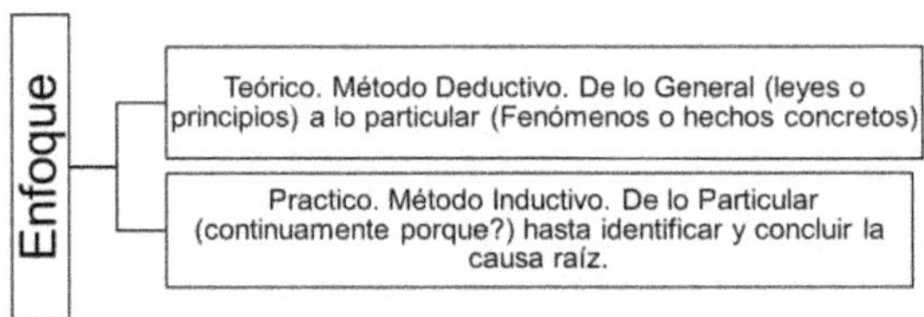

Para el enfoque práctico tenemos diferentes metodologías de solución de problemas.

Metodologia	PDCA (Prueba - Error)	GROW (Crecimiento)	8 DISCIPLINAS (8D)	8 PASOS (8P)	CIRCULOS KAIZEN	DMAIC (6 Sigma)
Fases para la Solución de Problemas.	1.-PLAN.- Fijarse Metas.	1.-GOALS.- Fijarse Metas. 2.- REALITY.- Definir la realidad (Gap Analysis)	1.- Formar el Equipo. 2.- Describir el Problema. 3.- Contención 4.- Análisis de Causa Raiz de Ocurrencia y Escape.	1.- Identificar el Problema. 2.- Desglosar el problema en sus partes. 3.- Definir las Metas 4.- Realizar Análisis de Causa Raiz. 5.- Generar Posibles Contramedidas	1.- Organización del Equipo. 2.- Selección del Problema. 3.- Definición de la Situación. 4.- Selección de la meta. 5.- Análisis de la Situación	1.-DEFINE.- Declaracion del Problema. 2.-MEASURE.- Declaracion de la realidad y Metas. 3.-ANALYZE.- Determina las variables Causa-Efecto
	2.-DO.- Llevar a cabo las Acciones.	3.- OPTIONS.- Definir las Alternativas 4.-WILL.- Tomar las Acciones	5.- Contramedidas para casusa de Ocurrencia y Escape	6.- Implementar la mejor Contramedida	6.- Tomar Acción	4.-IMPROVE.- Aplicar la Mejora. • Centrar el Proceso • Reducir la Variabilidad
	3.-CHECK.- Aprender de los resultados buenos y malos.	5.-REALITY.- Definir la nueva realidad (New Gap Analysis)	6.- Confirmar la efectividad de las contramedidas.	7.- Confirmar el Impacto de los resultados	7.- Verificar resultados tangibles e intangibles	
	4.-ACT.- Ajustar las acciones de acuerdo a lo aprendido y repetir el proceso.	6.- OPTIONS.- Definir las nuevas Alternativas WILL.- Tomar las nuevas Acciones.	7.- Implementar Controles y Prevenir la Recurrencia. 8.- Conclusión Final y Reconocimiento al Equipo	8.- Estandarizar e Implementar en otros procesos similares.	8.-Estandarizacion, Prevención de Recurrencia y Sumario	5.-CONTROL.- Monitorea el Desempeño a través de graficas de Control.
Aplicación	Desarrollo Personal.- Los métodos mas simples y efectivos de lograr resultados personales.		Método Requerido en la industria Automotriz.	Abordar problemas generales	Desarrollo Profesional en el lugar de trabajo.	Enfocado a mejorar la capacidad de un proceso. (Cp/Cpk)
Ventajas	Enfoque Simple. Tiempo Corto y No necesita un equipo de trabajo	Enfoque Completo. Trabajo en Equipo. Retroalimentacion por otros. Permite resolver problemas complejos.				
Desventajas	Posibilidad de equivocarte en la aplicación debido a falta de retroalimentacion por otros	Tiempo para completar metodologia es mas tardado. Requiere Entrenamiento y Practica.				

Todos los modelos de solución de problemas se componen de 4 etapas básicas basadas en el círculo de Deming. El modelo seleccionado dependerá de la aplicación. Por ejemplo, para desarrollo personal pudiéramos usar el PDCA simple o el Modelo GROW. El estándar de la industria automotriz para resolución de problemas es el 8D. Para abordar problemas generales el método de 8 pasos. Para el desarrollo profesional en el lugar de trabajo puede aplicarse la metodología de los Círculos Kaizen. Si queremos mejorar la capacidad de un proceso tenemos principalmente el DMAIC o Six Sigma.

De forma general, la aplicación dependerá si el problema requiere ser atendido de forma individual o en equipo y que tan rápido se requiere la mejora.

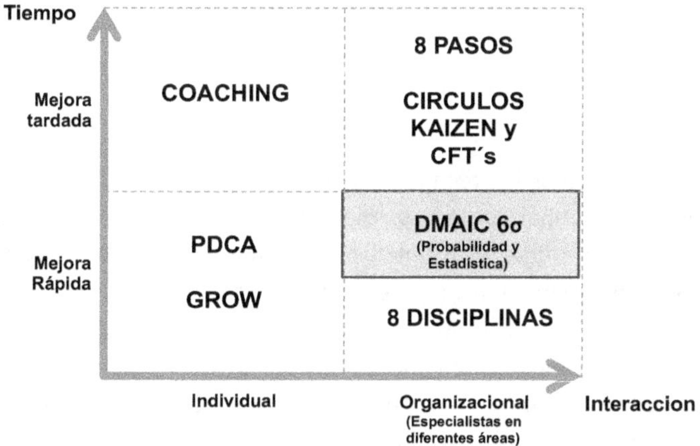

Un punto importante por resaltar es que el inicio de los problemas es conocer su naturaleza. La naturaleza puede ser crónica (variabilidad en cierta zona de control) o esporádica (desviación severa/repentina). El proceso de mejora puede ir de una acción correctiva a una preventiva y finalmente una creativa para lograr un nuevo nivel de calidad.

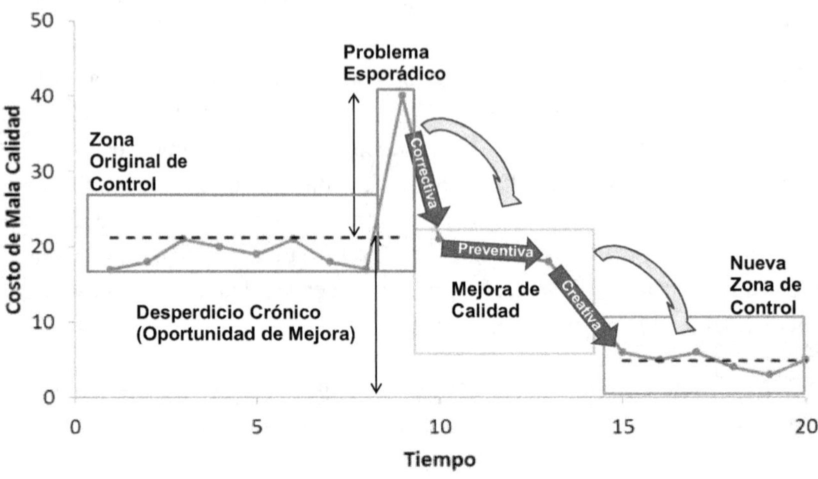

En resumen:

- Un problema es la brecha que separa una situación real de una ideal. La regla más importante para resolver cualquier problema es actuar con iniciativa y tomar el problema como nuestro y resolverlo, porque no podemos esperar a que alguien por sí mismo aporte la energía y atención necesaria para seguir un problema hasta su solución.
- Existen 2 enfoques para abordar un problema: El método deductivo que va de lo general a lo particular. Y El método inductivo que parte de lo particular y va profundizando hasta encontrar la causa raíz.
- El PDCA es el método a partir del cual surgen otros modelos de solución de problemas. Métodos para resolver problemas hay muchos. Debemos seleccionar el método que mejor se adapte a la situación. La selección de la metodología debe considerar si se está trabajando solo o en equipo y que tan rápida se desea la mejora.

Capítulo 3

Parámetros Estadísticos Básicos

(El lenguaje de six sigma.)

"Compromiso de largo plazo para nuevo aprendizaje y nueva filosofía es requerida por cualquier líder que busca transformación. El tímido y débil de corazón junto con la gente que espera resultados rápidos están condenadas a la decepción"

-W. Edwards Deming.

El presente capitulo sienta el fundamento estadístico de six sigma. Para comprender conceptos más avanzados debemos primero entender el ABC de la estadística. Y el ABC de la estadística son los conceptos que a continuación vamos a explicar.

Una correcta aplicación de los conocimientos de la calidad demanda una comprensión de la rama de la estadística. Es gracias a la estadística aplicada que grandes mejoras han sucedido a lo largo del mundo, en diversos campos y en distintas épocas. Sin una correcta aplicación de la estadística, las grandes historias de resurgimiento de empresas a punto de la bancarrota no habrían sido posibles.

Para lograr un completo entendimiento del uso de las herramientas estadísticas de la calidad, es imperativo entender los conceptos más básicos. Comprender los pilares es de gran importancia, para no tener dificultades posteriormente al aplicar conceptos más avanzados.

¿Qué es lo que piensas cuando escuchas las palabras Pensamiento Estadístico? El pensamiento estadístico es formar conclusiones en base a ver los hechos de forma conjunta (varias observaciones) y no de forma específica (una observación). ¿Qué significa esto de ver los hechos de forma conjunta o especifica? Haz escuchado la frase: "Cada quien habla de cómo le va en la feria" Este dicho es un claro ejemplo de la tendencia humana a generalizar la observación individual (en este caso, una ida a la feria). Si escucháramos a alguien decir que los juegos de apuestas son malos porque perdió todo su dinero apostando en la ruleta y al mismo tiempo escucháramos a otro decir que las apuestas son buenas porque gano una fortuna entonces estaríamos presenciando el error de falta de pensamiento estadístico visto de forma negativa y positiva. El pensamiento estadístico diría que las apuestas son eventos de probabilidad donde tienes el 50% de ganar o de perder y que tu balance ese día dependerá de cuantas veces ganaste o perdiste. De manera que el pensamiento estadístico no generaliza la realidad a una sola observación sino a la suma de observaciones realizadas sobre el resultado de varios eventos.

Entonces si el pensamiento estadístico implica tener varias observaciones y analizarlos como conjunto, es importante que aprendamos los conceptos en los conjuntos de datos. Existen 3 parámetros estadísticos básicos que son: El promedio, la mediana y la moda. Dicho de manera simple, imagina un sube-y-baja donde tenemos un tubo largo apoyado sobre un centro que mantiene balanceado el sube-y-baja dependiendo de los pesos que pongamos en los extremos. En estadística, el promedio es el centro de los datos, la mediana es el numero exactamente colocado a la mitad de los números ordenados de menor a mayor y la moda es el dato que más se repite. Un conjunto de datos esta balanceado si el promedio, la mediana y la moda tienen el mismo valor o sea los 3 están en el mismo centro. ¿Y qué me dice un grupo de datos balanceado? Básicamente que tenemos la misma cantidad de datos a un lado o al otro del centro o promedio. En términos más técnicos significa que existe un 50% de estar en cualquier lado del promedio. ¿Pero qué pasa cuando el conjunto de datos no está balanceado? ¿Cuándo el promedio, la mediana y la moda tienen diferente valor?

Aquí es donde las cosas se empiezan a poner interesantes… Hay una historia de vida o muerte de un estadístico famoso llamado Stephen Jay Gould donde se ven relacionados estos 3 parámetros estadísticos básicos.

En julio dc 1982, Gould fue diagnosticado con mesotelioma peritoneal, una forma mortal de cáncer que afecta el revestimiento abdominal. Después de dos años de difícil recuperación, Gould publicó una columna para la revista Discover, titulada «The median isn't the message» **«La mediana no es el mensaje»,** que habla de su reacción al descubrir que los pacientes con mesotelioma tenían una esperanza de vida media de sólo ocho meses después del diagnóstico. A continuación, describe el verdadero significado detrás de este número y su alivio al darse cuenta de que los parámetros estadísticos son útiles abstracciones y no abarcan toda la gama de variación.

La mediana es el punto medio en un conjunto de datos lo que significa que el 50 % de los pacientes mueren antes de los 8 meses, pero en un conjunto de datos no balanceado la otra mitad vivirá posiblemente mucho más tiempo que la mediana. Gould necesitaba determinar dónde se localizaban sus características personales dentro de este conjunto de posibilidades. Teniendo en cuenta que su cáncer fue detectado a tiempo, y el hecho de que era joven, optimista y tuvo los mejores tratamientos disponibles, Gould imaginó que debía estar en la mitad favorable del rango superior estadístico o sea más allá de la mediana. Después de un tratamiento experimental de radiación, quimioterapia y cirugía, Gould consiguió una recuperación completa y su publicación se convirtió en fuente de inspiración para muchos pacientes de cáncer. (Ver figuras de abajo).

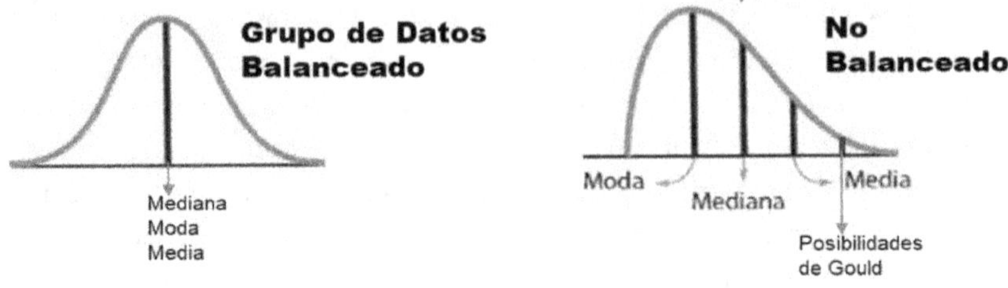

Después de esta pequeña introducción sobre los 3 parámetros estadísticos fundamentales, volvamos a la aplicación de estos conceptos en la mejora de calidad.

Los procesos productivos tienen variables de salida o de respuesta que deben cumplir por lo general con ciertas especificaciones para así considerar que el proceso funciona de manera satisfactoria. Evaluar la capacidad o habilidad de un proceso es analizar que tan bien sus variables de salida cumplen con las especificaciones. En este capítulo estudiaremos las herramientas estadísticas descriptivas que son de mucha utilidad para analizar datos, tanto en el contexto de un estudio de la capacidad de procesos como en el desarrollo de un proyecto de mejora de six sigma.

¿Específicamente que es la Estadística Descriptiva?

Básicamente es la técnica matemática que obtiene, organiza, presenta y describe un conjunto de datos con el propósito de facilitar su uso generalmente con el apoyo de tablas, medidas numéricas o gráficas. Además, calcula parámetros estadísticos como las medidas de centralización y de dispersión que describen el conjunto estudiado. La siguiente tabla enumera los parámetros y conceptos a explicar en este capítulo.

Uso	Parámetro y/o Concepto	Definición
Saber la Tendencia Central o Simetría en los datos.	Promedio	Centro de gravedad de los datos.
	Mediana	Valor exactamente a la mitad de los datos ordenados de menor a mayor
	Moda	Valor que más se repite en un grupo de datos
Simplificar una gran cantidad de datos.	Mínimo	Mínimo Valor en un grupo de datos
	Máximo	Máximo Valor en un grupo de datos
	Rango	Diferencia entre el máximo y mínimo valor
Evaluar el grado de dispersión de los datos.	Dispersión	Nivel de cercanía o lejanía de los datos con respecto al promedio.
	Varianza	Parámetro para calcular la desviación estándar.
	Desviación Estándar	Parámetro para calcular la dispersión
Inferencia estadística	Población	Conjunto total de datos.
	Muestra	Conjunto de datos extraido de la población.
	Muestra Aleatoria	Datos extraidos sin sesgo o tendencia
	Variable Aleatoria	Valor obtenido al azar
	Variable Aleatoria Discreta	Valor al azar de un conjunto limitado
	Variable Aleatoria Continua	Valor al azar de un conjunto ilimitado
Saber que tan dispersos están los datos	Exactitud	Nivel de dispersión de los datos con respecto a un rango definido (tolerancia).
Saber que tan cerca están los datos de un objetivo.	Precisión	Nivel de dispersión de los datos con respecto a cierto valor (target).

$\bar{X}$ = Promedio. = Es la suma de todos los valores numéricos dividida entre el número de valores. (También llamada media aritmética). El promedio se ve afectado por cualquier numero extremo (o raro) que aparezca en el conjunto de datos. $= \sum X / n$

Ejemplo:

El promedio de los siete números (2, 9, 1, 7, 3, 5, 1, 9) es:

(2+1+7+3+5+1+9) ÷ 6 = 4.6

$\tilde{X}$ = Moda. = Es el valor numérico más frecuentemente encontrado en un grupo de datos. Es posible que en conjunto de datos haya más de una moda. = N/A

Ejemplo:

La moda de los siete números (4, 7, 1, 3, 4, 5, 4) es: 4

$\hat{X}$ = Mediana = Es el valor que se encuentra ubicado exactamente en la mitad en un grupo ordenado de menor a mayor. La mediana no se ve afectada por un numero extremo que aparezca en el conjunto de datos. = N/A

Ejemplo 1:

La mediana de los siete números (5, 9, 2, 8, 4, 1, 6) es:
(1, 2, 4, **5**, 6, 8, 9) = 5

Vamos a obtener y representar el promedio, mediana y moda del siguiente grupo de datos:

Set de datos 1	1,1,2,3,23
Promedio $\bar{x}$	6
Mediana $\hat{x}$	2
Moda $\tilde{x}$	1
Set de datos	No simétrico.

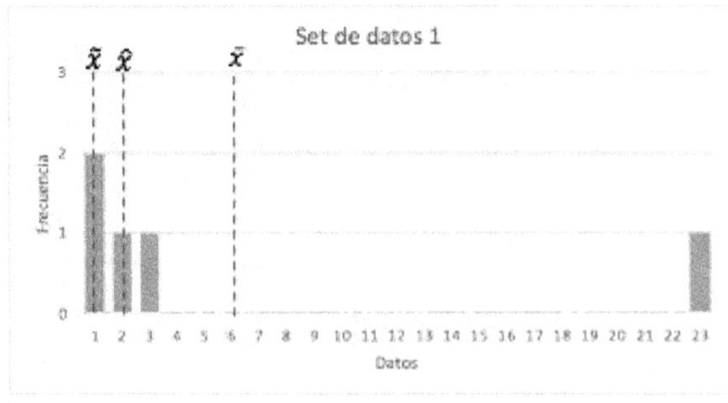

Set de datos 2	1,1,1,2,2,3,4,4,5,5,5
Promedio $\bar{x}$	3
Mediana $\hat{x}$	3
Moda $\tilde{x}$	1,5
Set de datos	Simétrico con 2 modas

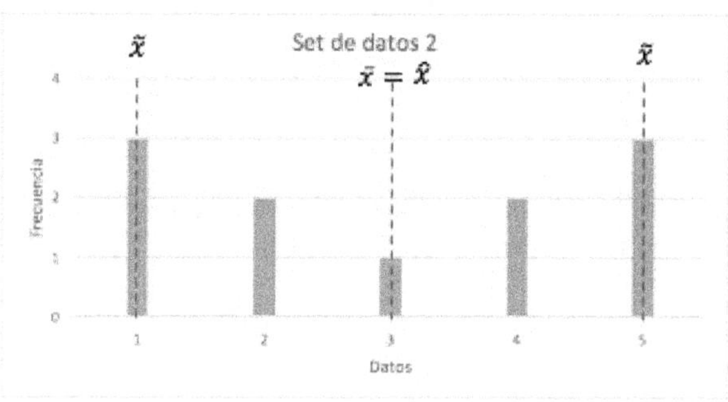

Set de datos 2	1,2,2,3,3,3,4,4,5
Promedio $\bar{x}$	3
Mediana $\hat{x}$	3
Moda $\tilde{x}$	3
Set de datos	Simétrico con 1 moda

Como podemos observar, cuando el promedio y la mediana son iguales podemos decir que hay simetría en los datos de manera que las diferencias de cada valor con respecto al promedio son iguales. Esto es importante comprenderlo dado que cuando veamos los histogramas tocaremos el concepto llamado sesgo. Una medida que determina que tan simétricos son los datos.

Posteriormente tenemos 3 conceptos muy simples que son el valor Mínimo el Máximo y el Rango que es la diferencia entre el Máximo y el Mínimo. La misma simplicidad de estos parámetros facilita su utilización para comparar grupo de datos.

Min = Mínimo = Es el dato de menor valor en = N/A
el conjunto de datos

Max = Máximo = Es el dato de mayor valor en = N/A
el conjunto de datos

R = Rango = Es la diferencia del valor = **Max-Min**
máximo menos el mínimo
en el conjunto de datos.

Vamos a obtener y representar el valor máximo, mínimo y rango de nuestros 2 set de datos, así como el promedio, la mediana y la moda.

Set de datos 1	1,1,2,3,23
Mínimo	1
Maximo	23
Rango	22
Promedio, Mediana, Moda	6,2,1

Set de datos 2	1,1,1,2,2,3,4,4,5,5,5
Mínimo	1
Maximo	5
Rango	4
Promedio, Mediana, Moda	3, 3, (1,5)

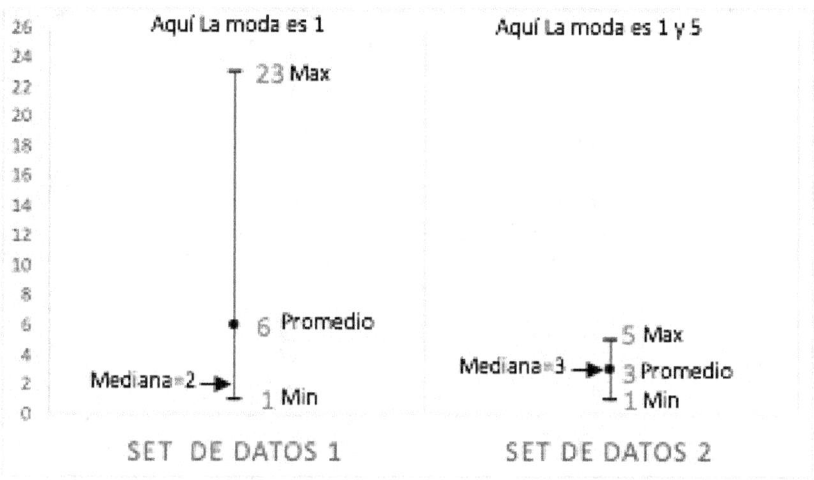

Las Conclusiones que podemos extraer del Comparativo son:

- Set de datos 1 tiene un valor máximo muy alejado del promedio (23). A este tipo de datos alejados de los demás se les llama datos raros (outliers). Esto causa tener un rango muy elevado (23-1=22) lo cual significa mayor dispersión comparado con el set de datos 2 (5-1=4). En el mundo de six sigma, entre mayor dispersión menor calidad.
- Set de datos 1 no es simétrico (no balanceado) ya que el promedio y la mediana tienen valores diferentes. (2,6). El set de datos tiene una moda (1)
- El set de datos 2 es simétrico (esta balanceado) los valores del promedio y mediana son iguales (3,3). El set de datos es bimodal ya que tiene 2 modas (1,3)

Con estos valores de mínimo, máximo podemos construir lo que se conoce como diagrama de la caja o box-plot (diagrama de la caja) que es una herramienta un poco más sofisticada para análisis de datos.

¿Qué es el Box Plot o diagrama de la caja y como se construye?

El diagrama de la caja es otra herramienta para describir el comportamiento de grupos de datos y son de suma utilidad para comparar y hacer análisis datos. El diagrama de la caja se basa en los cuartiles y parte el rango de variación de los datos en 4 grupos, cada uno de los cuales contiene 25% de los valores del grupo

de datos. De esta forma se puede visualizar donde empieza 25% de los datos menores, donde 25% de los datos mayores y de qué punto a qué punto se ubica el 50% de los datos que están al centro.

Conceptos para entender cómo crear un box plot.

Concepto	Descripción
Percentil	Medidas de localización que proporcionan puntos o valores que separan los datos por su magnitud en porcentajes.
Cuartiles	Son iguales a los percentiles 25, 50 y 75, y sirven para separar por magnitud la distribución de unos datos en 4 grupos.
Ci (25%)	Primer cuartil o cuartil inferior.
Cm (50%)	Segundo cuartil o cuartil medio = mediana
Cs (75%)	Tercer cuartil o cuartil superior
Rc= Cs-Ci	Rango intercuartilico. Es igual a la distancia entre el cuartil inferior (25%) y el superior (75%) y sirve para ubicar el rango en el que se ubica el 50% de los datos que están en el centro de la distribución.

Pasos para formar el box plot

1.- Formar un rectángulo que va desde el cuartil inferior Ci hasta el cuartil superior Cs

2.- El rectángulo se parte a la altura de la mediana.

3.- Debajo del rectángulo se traza un bigote, brazo o línea paralela a la escala que va de Ci hasta el dato más pequeño que aun esta por dentro de la barrera interior definida por Ci-1.5Rc. Si hay datos por debajo de la barrera estos se representaran por puntos aislados.

4.- De forma similar se traza el brazo o bigote superior: que va desde Cs hasta el dato más grande que aún está dentro de la barrera superior definida por Cs+1.5Rc. Si hay datos por arriba de la barrera interior, estos se representaran por un punto, que se ubicara de acuerdo a la magnitud del dato correspondiente.

5.- Los datos que superaran las barreras exteriores, fuera de Ci-3Rc y Cs+3Rc respectivamente, pueden ser considerados como datos muy alejados, raros o aberrantes y se representan con un asterisco.

Parámetro	Datos para Box Plot 1	Datos para Box Plot 2
Cs	3	4.5
Cm	2	3
Ci	1	1.5
Rc	2	3
Barrera Inferior (int)	-2	-3
Barrera Superior (int)	6	9
Barrera Inferior (ext)	-5	-7.5
Barrera Superior (ext)	9	13.5

Creación de Box plot y comparado contra Máximos y Mínimos

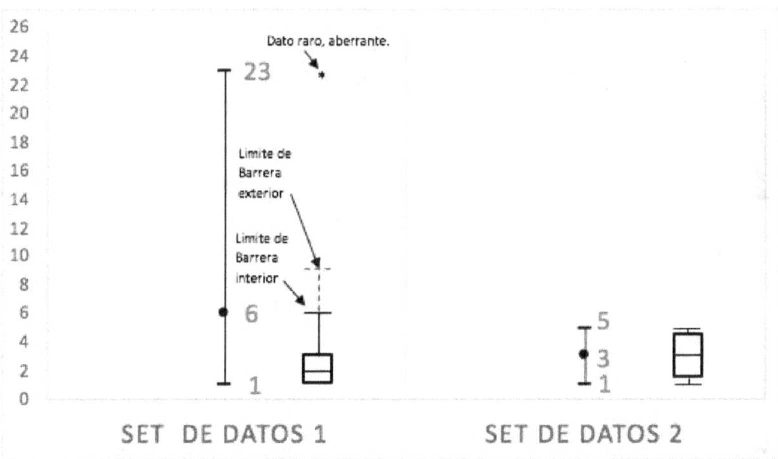

Interpretación del Box Plot

1.- El tamaño del Box plot indica una medida de la variación de los datos y resulta de mucha utilidad para comparar la variación. En general entre más largo sea un diagrama indicara una mayor variación de los datos.

2.- La parte central del diagrama indica la tendencia central de los datos por lo que también ayudara a comparar 2 o más grupos de datos.

3.- Analizar si la comparación de la longitud de los brazos es más grande que el otro, en tal caso el grupo los datos esta desbalanceado (sesgado) en la dirección del brazo más grande. También observar la ubicación de la línea mediana que parte la caja, ya que si está más cerca de uno de los extremos también será señal de probable sesgo en los datos.

4.- Ver si hay datos fuera de las barreras interiores y exteriores. Entre más alejado este un dato del final del brazo, será señal de que tal dato probablemente sea un dato alejado, muy alejado, raro o aberrante.

Los siguientes parámetros son la varianza y desviación estándar. Estos 2 parámetros son la forma de expresar y cuantificar el grado de dispersión de un conjunto de datos.

Dispersión: Indica que tan alejados están los datos con respecto al promedio.

S^2 = Varianza = Es el promedio de las desviaciones de cada dato con respecto al promedio
Se obtiene con sumatoria de las diferencias de cada dato con respecto al promedio elevado al cuadrado y dividido entre número de datos menos 1 (n-1) $= \dfrac{\sum (Xi - \bar{X})^2}{n-1}$

S = Desviación Estándar = Se obtiene simplemente al obtener la raíz cuadrada de la varianza. $= \sqrt{S^2}$

Vamos a obtener y representar la varianza y desviación estándar de nuestros 2 set de datos.

Set Datos 1	(Xi-Ave)	(Xi-Ave)^2	∑ (Xi-Ave)2	Varianza ∑ (Xi-Ave)2/n-1	Desviacion Estandar √(S^2)
1	-5	25			
1	-5	25			
2	-4	16	364	91	9.539392014
3	-3	9			
23	17	289			
6	Promedio				

Set Datos 2	(Xi-Ave)	(Xi-Ave)^2	∑ (Xi-Ave)2	Varianza ∑ (Xi-Ave)2/n-1	Desviacion Estandar √(S^2)
1	-2	4			
1	-2	4			
1	-2	4			
2	-1	1			
2	-1	1			
3	0	0	28	2.8	1.673320053
4	1	1			
4	1	1			
5	2	4			
5	2	4			
5	2	4			
3	Promedio				

En términos de dispersión estandar, la dispersión del grupo de datos 1 es 9 veces mayor debido a la existencia de un dato raro muy alejado del promedio.

Los siguientes conceptos básicos en la estadística inferencial son población, muestra y muestra aleatoria. La población es el universo de datos o elementos sobre los que se realizan estudios y observaciones. En la mayoría de los casos, las poblaciones de datos son demasiado grandes o extensas para ser estudiadas. Para este caso es necesario seleccionar una porción (muestra) de la población con el fin de evaluar características y fenómenos presentes en la población.

Es importante que la selección de la muestra se haga al azar para evitar la manipulación de datos o sesgo en la muestra. Es decir, todos los elementos en el universo tienen la misma probabilidad de ser seleccionados.

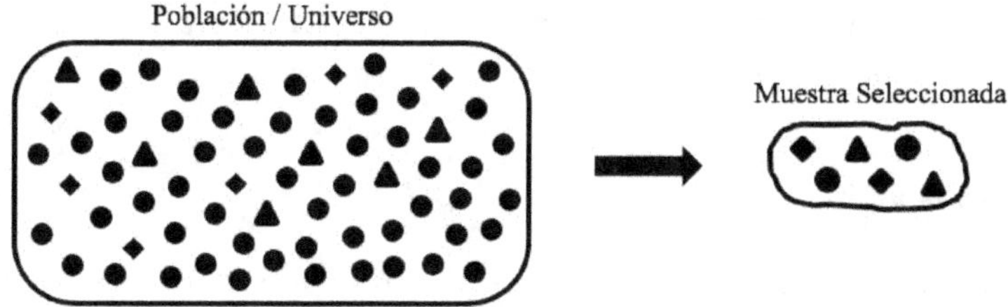

Los parámetros de Promedio y Desviación Estándar para ambos grupos se representan de la siguiente manera:

Grupo	Población	Muestra
Promedio	μ	$\bar{X} = \dfrac{\sum Xi}{n}$
Desviación Estándar	σ	$S = \dfrac{\sum(Xi - \bar{X})^2}{n-1}$

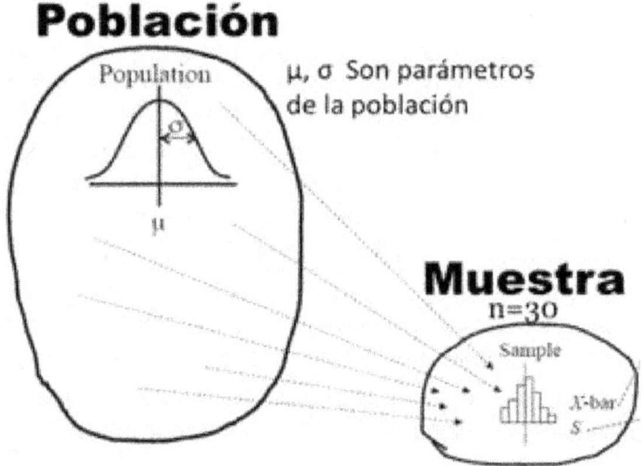

Aquí debemos hacer diferencia que el promedio y la desviación estándar se les da diferente símbolo cuando se trata de población o muestra. Para la población es es la letra griega mu y sigma y en el caso de la muestra es X testada y S.

Variables

¿Qué son las variables?

¿Recuerdas el momento durante tus estudios escolares cuando las matemáticas dejaron de utilizar números y las letras remplazaron todas las operaciones siguientes que aprenderías? Es importante recalcar que son solamente letras que nos ayudan a representar el elemento que cambia constantemente. Por lo que decidimos hacer espacio en este manual para hablar sobre ellas. Definamos a la variable entonces.

Una *variable* se puede definir como un elemento, característica o factor que no es consistente o que no tiene un patrón definido. Es un valor al azar. En el mundo de las matemáticas y la física, las variables suelen ser representadas por letras del alfabeto romano o griego y son ampliamente utilizadas porque pueden representan una cantidad infinita de valores.

Para que la idea quede clara veamos el siguiente ejemplo con la ecuación de la pendiente.

$$Y = mX + b$$

La Y bien pudiera ser reemplazada una F…

$$F = mX + b$$

O bien pudiéramos reemplazar las letras romanas por letras del alfabeto griego…

$$\Gamma = \mu\Phi + \theta$$

O inclusive pudiéramos representarlas de la manera siguiente…

$$☺ = ☆□ + ☹$$

Ahora que hemos comprendido el significado de variable, el siguiente paso es definir a una variable aleatoria. Una variable aleatoria asume para sus valores los resultados de un experimento aleatorio y puede tomar cualquier valor de un conjunto de posibilidades.

Variable Aleatoria Discreta: Es aquella que toma un numero definido o limitado de posibles valores.

Experimento	Variable	Valores Posibles
Llamar a 5 Clientes	Cantidad de clientes que hacen el pedido	0,1,2,3,4,5
Vender un Auto	Sexo del Cliente	0= Hombre, 1= Mujer
Inspección de 50 radios	Radios Defectuosos	0,1,2,3…50.

¿Y que es una variable aleatoria continua?

Es aquella en el que el conjunto de posibles valores es indefinido. Puede tomar cualquier valor entre todos los contenidos de un intervalo de la recta o desde menos infinito hasta infinito.

Experimento	Variable	Valores Posibles
Operaciones en un banco	Tiempo en minutos entre llegadas de clientes	$X \geq 0$
Llenar una lata de 12.1 Oz	Cantidad de Onzas	$0 <= X <= 12.1$
Construir una biblioteca	Porcentaje de Avance del proyecto.	$0 <= X <= 100$

¿Y que es una variable aleatoria continua normal? Englobando todo lo dicho sobre las variables, una variable aleatoria continua normal significa que una vez agrupados todos los datos de nuestro evento, resultado, experimento, prueba, etc, lo que observamos es una distribución de datos con forma de campana.

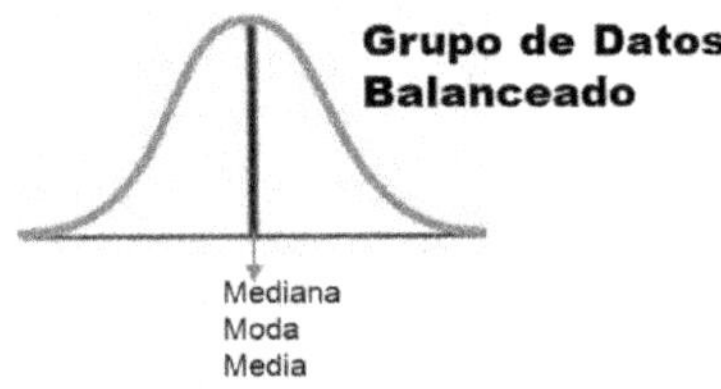

Una distribución normal es un conjunto de datos con cierta probabilidad cuyos datos agrupados tienen una forma de campana. En el siguiente capítulo explicaremos a detalle la distribución normal que es la esencia del six sigma y el elemento clave para reducir la variación de los procesos.

Antes de concluir, hagamos una pequeña reflexión con una metáfora la cual representa la base de la calidad. ¿Cuál de los 3 tiradores consideras que es mejor?

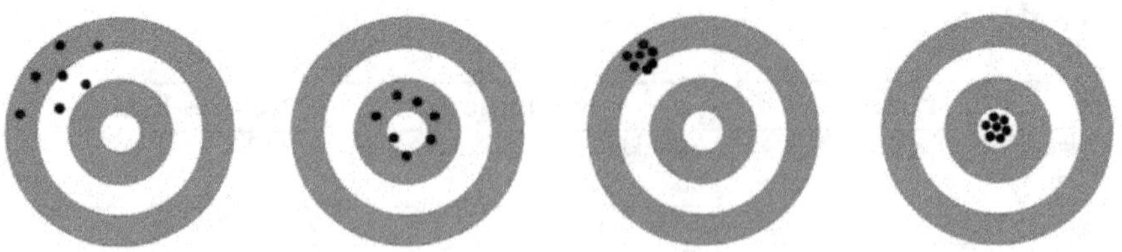

Si juzgáramos en función de dispersión de los tiros y apuntarle al centro. Obviamente el mejor es el cuarto. Para mejorar la calidad necesitamos reducir la variabilidad y apuntar al centro. Es típicamente más fácil cambiar la media que reducir la variación. Variabilidad excesiva en la población causa mala calidad y desperdicio.

En resumen.

- La estadística descriptiva nos ayuda a procesar datos (información) y presentarlos con ayuda de tablas o gráficas, así como, calcular parámetros estadísticos como las medidas de centralización y dispersión.
- Aun los controles de calidad más avanzados y sofisticados utilizados en la industria, surgen a partir de parámetros estadísticos básicos. Es de gran importancia que como analistas solucionadores de problemas no confundamos la mediana como promedio y el promedio como moda y la moda como la realidad.
- Un comparativo de máximos-mínimos-promedios es una excelente herramienta para comparar grupos de datos.
- La dispersión o variación es la madre de todos los problemas de calidad y que debemos siempre reducirla o mantenerla bajo control.

38

Capítulo 4

La Distribución Normal y Z

(El alma y corazón de six sigma.)

"La medición es el primer paso para el control y la mejora. Si no se puede medir algo, no se puede entenderlo. Si no se entiende, no se puede controlar y si no se puede controlar, no se puede mejorar."

-H. James Harrington.

En este capítulo hablaremos de las bases estadísticas que conforman el six sigma, los fundamentos y la esencia detrás de la idea de reducir la variación en los procesos. Para comenzar, los dos elementos fundamentales del six sigma son:

Es de gran importancia comprender estos dos elementos para comenzar el entendimiento de esta metodología. Una vez entendidos y dominados tendrás la base estadística para entender el six sigma. Para ello, se explicará y tratará el tema de manera sencilla y práctica sin tener que recurrir a libros especializados en la materia.

La metodología DMAIC, como lo vimos en el capítulo 2 utiliza el concepto "six sigma" como bandera para hacer referencia a la reducción de la variación. La metodología se compone de 5 cinco etapas.

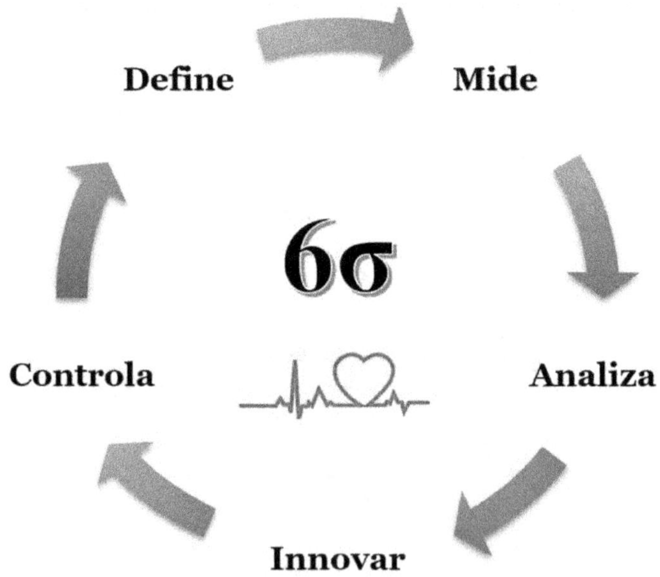

Como la metodología no forma parte principal de este manual, no nos adentraremos demasiado en los pasos a seguir. El enfoque será principalmente en la parte técnica a la cual llamamos six sigma.

Hablar de distribuciones es hablar de probabilidad y hablar de probabilidad significa que un evento tiene de 0 a 100% la posibilidad de que ocurra. Un porcentaje de un 0% significa que el evento no ocurrirá en absoluto, mientras que un porcentaje de un 100% significa que el evento ocurrirá con una toda certeza. Todo lo que está en medio es simplemente nivel de probabilidad.

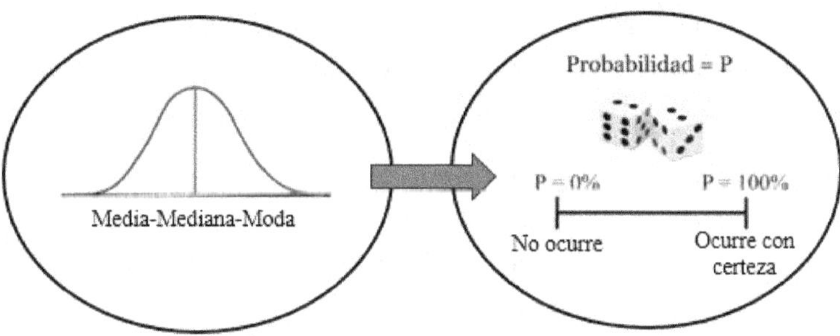

En el capítulo anterior hablamos de conjunto de datos el cual, de forma más técnica, se le conoce como distribución de datos. Una distribución de datos muestra cierto patrón o forma la cual depende de los parámetros básicos: promedio, mediana y moda. Existe una forma de calcular la probabilidad de determinada área de esa distribución. Algunos tipos de distribución pueden ser los siguientes.

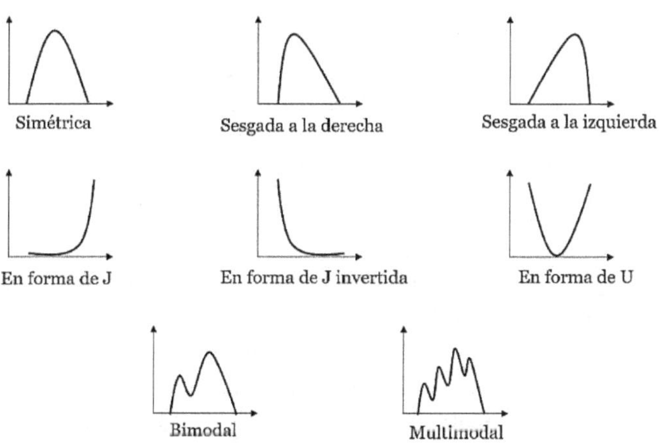

Si quisiéramos saber la probabilidad de determinado dato dentro de una distribución normal, podríamos utilizar la siguiente función desarrollada por Gauss:

$$f(x) = \frac{1}{\sigma\sqrt{2\pi}}\, e^{-\frac{1}{2}\left(\frac{x-\mu}{\sigma}\right)^2}$$

Un ejemplo sencillo para ejemplificar esto, podría ser pensar en el tiempo que hacemos al correr 100m (la variable x es el tiempo). Si hacemos una toma de tiempos de 30 pruebas, tal vez nuestros resultados arrojen que en promedio corrimos los 100 mts en 10.01 segundos (μ) con una desviación de +/- 0.13 s (σ). Si quisiéramos saber cuál es la probabilidad de correr y hacer un tiempo de 7, 8, 9, 10, 11, 12 y así sucesivamente, podríamos aplicar la función de Gauss.

Dado que aplicar la función de Gauss es poco práctico, se desarrolló la distribución normal estandarizada cuyos parámetros son $\mu=0$ y $\sigma=1$ y en base a estos valores de media y desviación estándar se calculó la probabilidad en base a la función de Gauss. En la gráfica de abajo podemos observar la probabilidad de valores de Z de -4.00 a 4.00

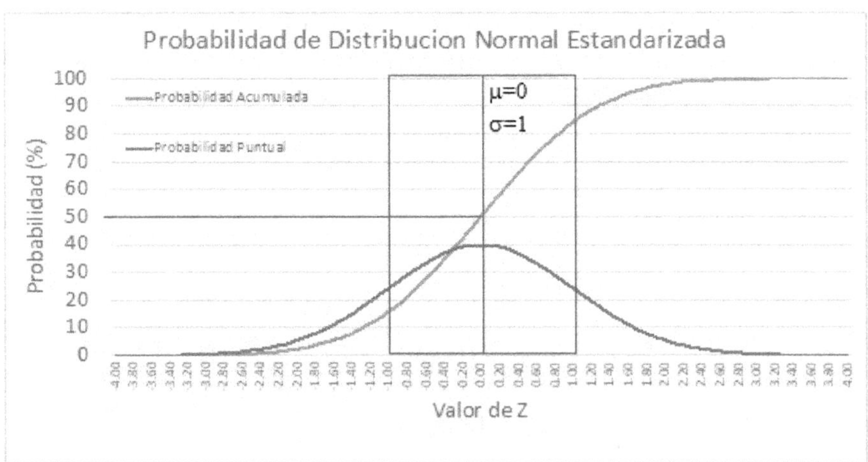

En una distribución normal estándar significa que la probabilidad de estar de un lado o del otro de la media ($\mu=0$) es la misma. O sea, es simétrica con un 50% de estar en cualquier lado de la media. También observamos que para valores menores a 3.5 la probabilidad es aproximada a cero y para valores mayores a 3.5 la probabilidad es aproximada a 1. Además observamos que la probabilidad es lineal dentro de ±1z. Si graficamos los datos de menor a mayor contra su probabilidad observaremos una forma de S en la probabilidad acumulada. Y en la probabilidad puntual o de cada valor observaremos una forma de campana.

Las propiedades de esta distribución estandarizada son

- El área debajo de la curva representa el 100% de Probabilidad.
- Cualquier punto de la curva se representa por z o σ
- La media (μ) es igual a cero y la desviación estándar (σ) es igual a 1.
- Si tomamos el área que existe en $\mu \pm 1z$ esta equivale a 68.27% de probabilidad
- Si tomamos el área de $\mu \pm 2z$ esta equivale a 95.45% de probabilidad
- Si tomamos el área de $\mu \pm 3z$ esta equivale a 99.73% de Probabilidad.

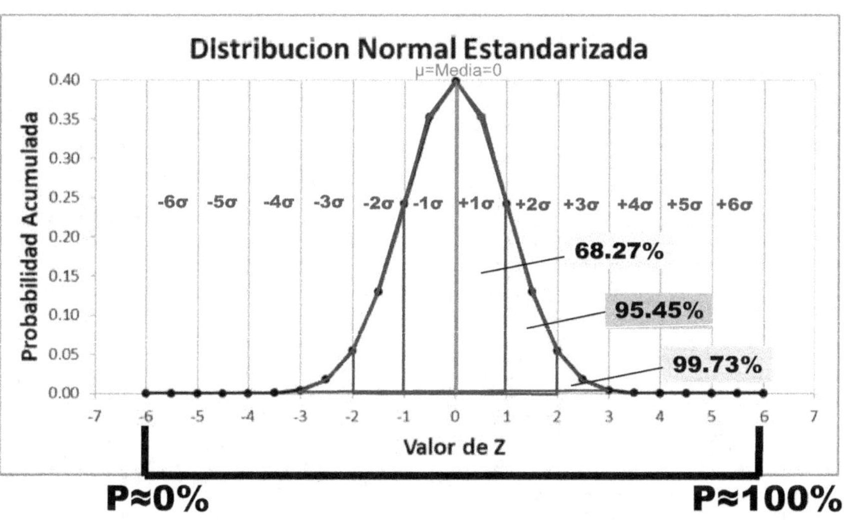

¿Entonces cómo convertir una distribución de datos de x en una distribución normal estandarizada para conocer la probabilidad?

El teorema de la distribución normal dice que si una variable aleatoria cualquiera (x) está normalmente distribuida podemos aplicar la función $(x-\mu)/\sigma$ para obtener Z y de esta forma encontrar su probabilidad. O sea, transformamos X en Z. **Por lo tanto, Z es una medida de referencia estándar con probabilidad conocida para calcular la probabilidad de una variable aleatoria cualquiera (X)**

Para un área debajo de cualquier distribución normal.

Teorema: Si una variable aleatoria está normalmente distribuida, entonces la función de $(X-\mu)/\sigma$ tiene una distribución normal estándar.

$$\text{Si } X \sim N\,(\mu, \sigma^2),\ Entonces\ \frac{x-\mu}{\sigma} \sim N(0,1)$$

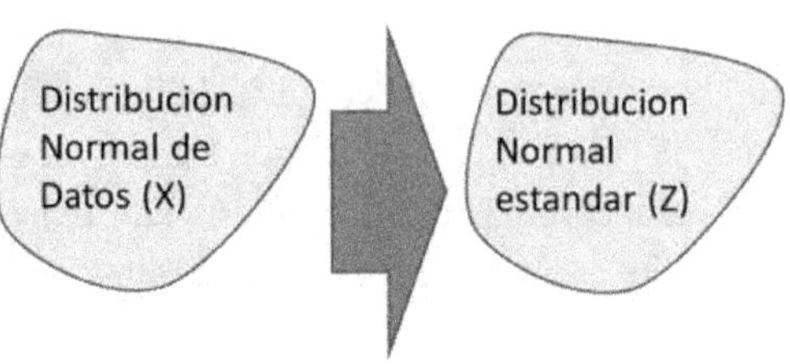

Regresando a nuestro ejemplo del corredor de 100 mts.

Experimento	X	Z	
n	Tiempos (seg) - a +	Valor de Z	Probabilidad de Z
1	9.8	-1.609	0.109
2	9.8	-1.609	0.109
3	9.8	-1.609	0.109
4	9.8	-1.609	0.109
5	9.9	-0.830	0.283
6	9.9	-0.830	0.283
7	9.9	-0.830	0.283
8	9.9	-0.830	0.283
9	9.9	-0.830	0.283
10	9.9	-0.830	0.283
11	9.9	-0.830	0.283
12	10	-0.052	0.398
13	10	-0.052	0.398
14	10	-0.052	0.398
15	10	-0.052	0.398
16	10	-0.052	0.398
17	10	-0.052	0.398
18	10.1	0.726	0.306
19	10.1	0.726	0.306
20	10.1	0.726	0.306
21	10.1	0.726	0.306
22	10.1	0.726	0.306
23	10.1	0.726	0.306
24	10.1	0.726	0.306
25	10.1	0.726	0.306
26	10.1	0.726	0.306
27	10.2	1.505	0.129
28	10.2	1.505	0.129
29	10.2	1.505	0.129
30	10.2	1.505	0.129
Average	10.01		
Desv Std	0.13		

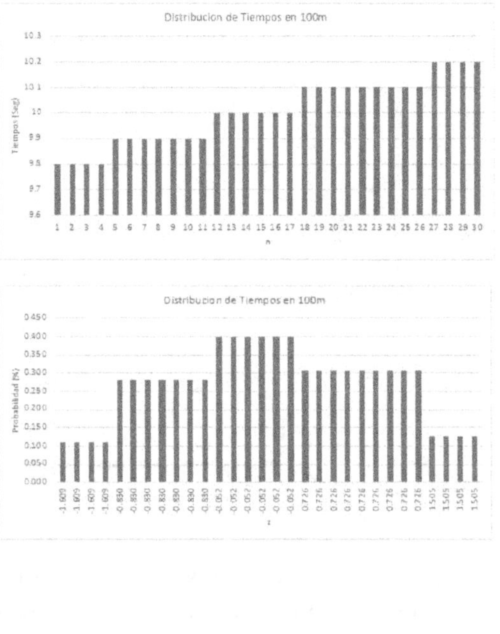

¿Cuál es la probabilidad de correr en menos de 9.7 segundos y en más de 10.3 segundos?

Respuesta:

Caso	Z	Probabilidad
< 9.7 Seg	-2.38698109	0.85%
> 10.3 Seg	2.28319931	1.12%

Para obtener la probabilidad de una distribución normal estandarizada de 3 formas. Mediante la función de Gauss, mediante tablas donde tenemos valores de Z desde -4 a 4. Y finalmente mediante función de Excel. La cual viene como =DISTR.NORMAL.ESTAND(z). Solo introducimos el valor de Z y la función nos regresa la probabilidad.

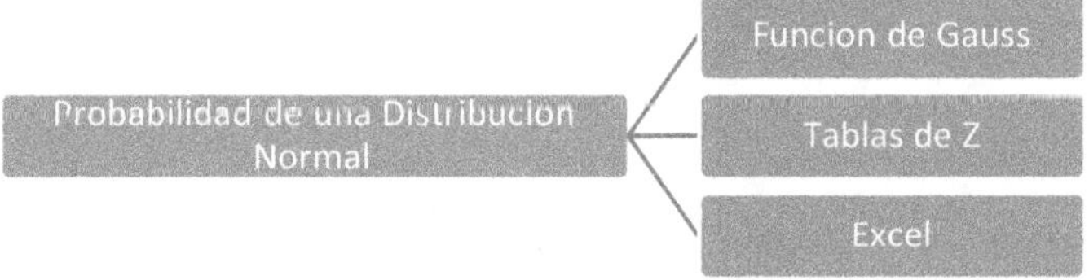

A manera de ejercicio y para comprender la lógica que se sigue al trabajar con las tablas de Z o con la función de Excel, encontrar la probabilidad de los siguientes valores de Z

En el 1er caso la probabilidad del área roja es directamente el valor de Z

En el 2do caso la probabilidad del área roja se encuentra mediante 1-Z

En el 3er caso la probabilidad del área roja se encuentra mediante Z2-Z1

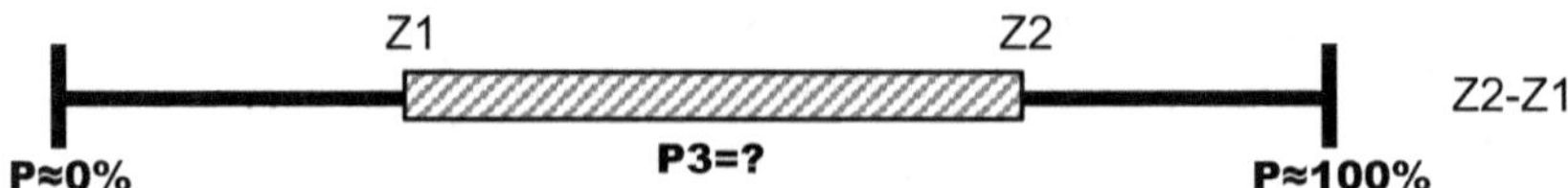

En el 4to caso la probabilidad se puede obtener de 2 formas a 100 restarle la diferencia de Z2-Z1. U obteniendo la probabilidad de Z1 y luego sumarle la probabilidad resultante de   1-Z2.

Ahora bien, ¿cómo encontraríamos la probabilidad del área sombreada debajo de la curva de campana? Vamos directo a las tablas a encontrar Z=2.62 y ese es el resultado 99.56%.

Como encontraríamos la Probabilidad para Z (área sombreada)?

If Z ~ N(0,1)

a) Find P(Z < 2.62)

P(Z < 2.62) = 0.9956

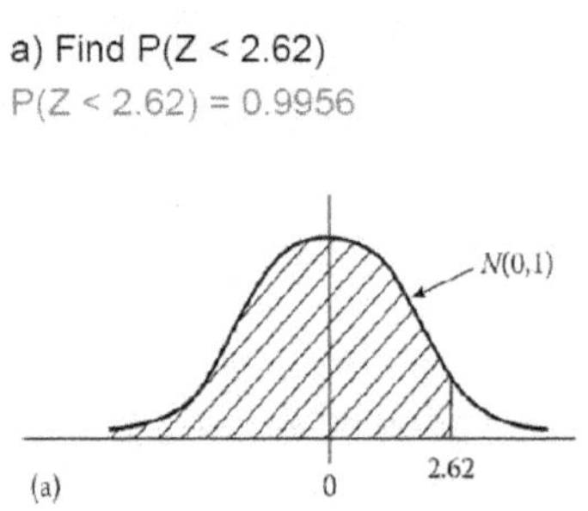

Normal Tables: gives $F(z) = P(Z \leq z$		
z	0.00	0.01	0.02
2.0	0.9772	0.9778	0.9783
2.1	0.9821	0.9826	0.9830
2.2	0.9861	0.9864	0.9868
2.3	0.9893	0.9896	0.9898
2.4	0.9918	0.9920	0.9922
2.5	0.9938	0.9940	0.9941
2.6	0.9953	0.9955	0.9956
2.7	0.9965	0.9966	0.9967
2.8	0.9974	0.9975	0.9976
2.9	0.9981	0.9982	0.9982
3.0	0.99865	0.99869	0.99874
3.1	0.99903	0.99906	0.99910
3.2	0.99931	0.99934	0.99936
3.3	0.99952	0.99953	0.99955
3.4	0.99966	0.99967	0.99969

En el 2do ejemplo nos piden encontrar la probabilidad de Z=-1.45. Vamos directamente a las tablas en Z=-1.45 y encontramos que la probabilidad es de 7.35%

Como encontraríamos la Probabilidad para Z (área sombreada)?

If Z ~ N(0,1)

b) Find P(Z < -1.45)

P(Z < -1.45) = 0.0735

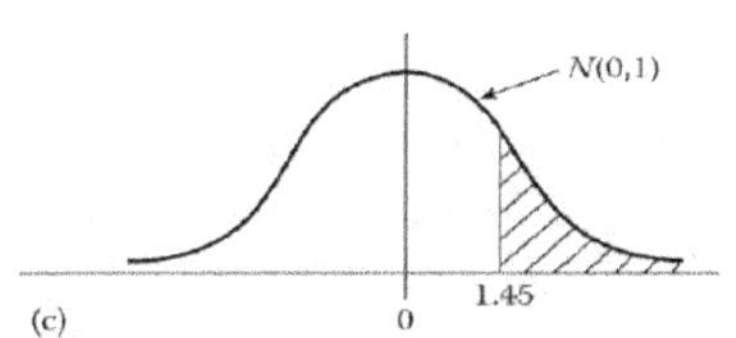

Normal Tables: gives F(z) = P(Z ≤ z), where Z ~ N(0, 1)						
z	0.00	0.01	0.02	0.03	0.04	0.05
-2.0	0.0228	0.0222	0.0217	0.0212	0.0207	0.0202
-1.9	0.0287	0.0281	0.0274	0.0268	0.0262	0.0256
-1.8	0.0359	0.0352	0.0344	0.0336	0.0329	0.0322
-1.7	0.0446	0.0436	0.0427	0.0418	0.0409	0.0401
-1.6	0.0548	0.0537	0.0526	0.0516	0.0505	0.0495
-1.5	0.0668	0.0655	0.0643	0.0630	0.0618	0.0606
-1.4	0.0808	0.0793	0.0778	0.0764	0.0749	0.0735
-1.3	0.0968	0.0951	0.0934	0.0918	0.0901	0.0885
-1.2	0.1151	0.1131	0.1112	0.1093	0.1075	0.1056
-1.1	0.1357	0.1335	0.1314	0.1292	0.1271	0.1251
-1.0	0.1587	0.1562	0.1539	0.1515	0.1492	0.1469

En el 3er caso pide encontrar la probabilidad de que Z sea mayor a 1.45. Este valor se obtiene mediante la resta de $100 - 92.65 = 7.35$.

Como encontraríamos la Probabilidad para Z (área sombreada)?

If Z ~ N(0,1)

c) Find P(Z >1.45)

P(Z > 1.45) = 1 – P(Z < 1.45) = 1 – 0.9265 = 0.0735

Normal Tables: gives F(z) = P(Z ≤ z), where Z ~ N(0, 1)						
z	0.00	0.01	0.02	0.03	0.04	0.05
0.5	0.6915	0.6950	0.6985	0.7019	0.7054	0.7088
0.6	0.7257	0.7291	0.7324	0.7357	0.7389	0.7422
0.7	0.7580	0.7611	0.7642	0.7673	0.7704	0.7734
0.8	0.7881	0.7910	0.7939	0.7967	0.7995	0.8023
0.9	0.8159	0.8186	0.8212	0.8238	0.8264	0.8289
1.0	0.8413	0.8438	0.8461	0.8485	0.8508	0.8531
1.1	0.8643	0.8665	0.8686	0.8708	0.8729	0.8749
1.2	0.8849	0.8869	0.8888	0.8907	0.8925	0.8944
1.3	0.9032	0.9049	0.9066	0.9082	0.9099	0.9115
1.4	0.9192	0.9207	0.9222	0.9236	0.9251	0.9265
1.5	0.9332	0.9345	0.9357	0.9370	0.9382	0.9394
1.6	0.9452	0.9463	0.9474	0.9484	0.9495	0.9505
1.7	0.9554	0.9564	0.9573	0.9582	0.9591	0.9599

En el 4to caso pide la probabilidad de un intervalo entre $z=2.5$ y $Z=-1.5$. En este caso solo restamos la probabilidad de $Z=2.5$ menos $Z=-1.5$.

Como encontraríamos la Probabilidad para Z (área sombreada)?

If Z ~ N(0,1)

d) Find P(-1.5 $\leq$ Z $\leq$ 2.5)
P(-1.5 < Z < 2.5)
= P(Z < 2.5) – P(Z < -1.5)
= 0.9938 – 0.0668 = 0.9270

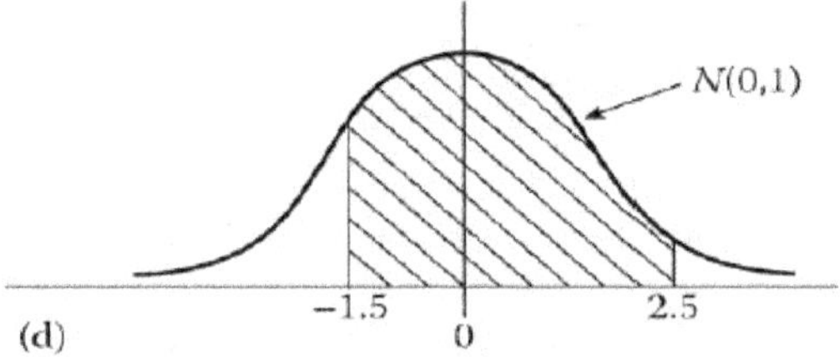

Hasta aquí, espero este claro el cálculo con la variable estándar z, pero ahora veamos un caso de aplicación donde hay que convertir la variable aleatoria x a z:

Caso de Aplicación:

Si tenemos el diámetro promedio y la varianza de un grupo de tornillos (0.25, 0.1^2) donde la especificación es de 0.22 0.26, cual es el % de tornillos fuera de especificación?

Primeramente, obtenemos el valor de Z1 y Z2 a través de la función (X-μ) /σ. Una vez obtenidos Z1 y Z2 obtenemos la probabilidad mediante la igualdad 1-(Z2-Z1). Lo cual nos da 16%.

Aplicación de Caso con Distribución Normal.

- D es el diámetro de los tornillos (plg) y D ~N (0.25, 0.1²)
- La especificación del Diámetro es 0.22 a 0.26 plg.
- Cual es la proporción de los tornillos que están fuera de especificación?

$$P(D < 0.22) + P(D > 0.26)$$

Z1=(X-μ)/σ=0.22-0.25/0.01=-3=0.00135

Z2=(X-μ)/σ=0.26-0.25/0.01=1=0.84134

P=1-(0.84134-0.00135)=0.1600=16%
P=0.00135+(1-0.84134)=0.1600=16%

El 16% de los tornillos están fuera de especificación.

¿Si la media del proceso se mueve para que coincida con el centro de la especificación cual será el nivel de defectivo? Hacemos lo mismo que en el paso anterior cambiando la media a 0.24. Volvemos a calcula la probabilidad mediante la igualdad 1-(Z2-Z1) y tenemos que el 4.55 de los tornillos están fuera de especificación.

Centrando el Proceso y Reduciendo la Variabilidad.

- Si la media del proceso se mueve para que coincida con el centro de la especificación cual será el nivel de defectivo?

P(D < 0.22) + P(D > 0.26)

Z1=(X-μ)/σ=0.22-0.24/0.01=-2=0.02275

Z2=(X-μ)/σ=0.26-0.24/0.01=2=0.97724

P=1-(0.97724-0.02275)=0.0455=4.55%

El 4.55% de los tornillos están fuera de especificación.

Si reducimos la variabilidad en el proceso de 0.01 a 0.009, Volvemos a calcular Z1 y Z2 con Sigma=0.009 y calculamos la probabilidad que es 2.62%.

- Si reducimos la variabilidad en el proceso de 0.01 a 0.009, tendremos...

$$Z1=(X-\mu)/\sigma=0.22-0.24/0.009=-2.2222=0.01313$$
$$Z2=(X-\mu)/\sigma=0.26-0.24/0.009=2.2222=0.98686$$
$$P=1-(0.98686-0.01313)=0.0262=2.62\%$$

El 2.62% de los tornillos están fuera de especificación.

Cuál debería ser la desviación estándar si queremos que solo el 1% este fuera de especificación?

Para esto debemos de dividir el 1% entre 2 porque se tienen 2 limites. Entonces tenemos que para una probabilidad de 0.005 tenemos una Z de -2.57. Despejando sigma de la función tenemos que la desviación estándar debería ser 0.007.

$=0.01/2=0.005 \rightarrow Z=-2.57$ Por lo tanto $\sigma=LSL-\mu/Z=0.22-0.24/-2.57=$ **0.007**

Cualquier distribución normal que tengamos puede ser comparada contra la estándar a través de las características de skewness (simetría) y kurtosis (dispersión). La distribución normal estándar tiene una Simetría y una kurtosis=0. Una simetría mayor a 0 esta sesgada a la izquierda. Una simetría menor a cero esta sesgada a la derecha. Una Kurtosis mayor a cero significa menor dispersión que la distribución normal estándar. Una Kurtosis menor a cero significa una dispersión mayor a la distribución normal estándar.

	Distribución Normal Estándar	Sesgada Positivamente	Sesgada Negativamente
Skewness (Nivel de Simetría) Rango: -1.5 y 1.5 Es Aceptable	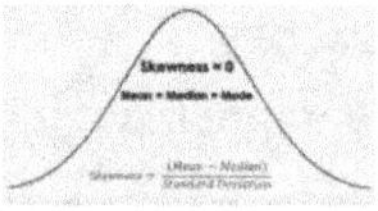 S = 0	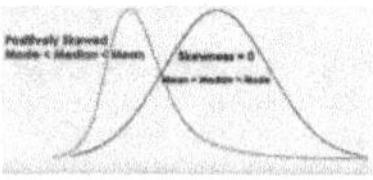 S > 0	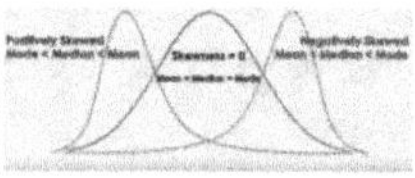 S < 0
Kurtosis (Nivel de Dispersión o Concentracion) Rango: -1.5 y 1.5 Es Aceptable	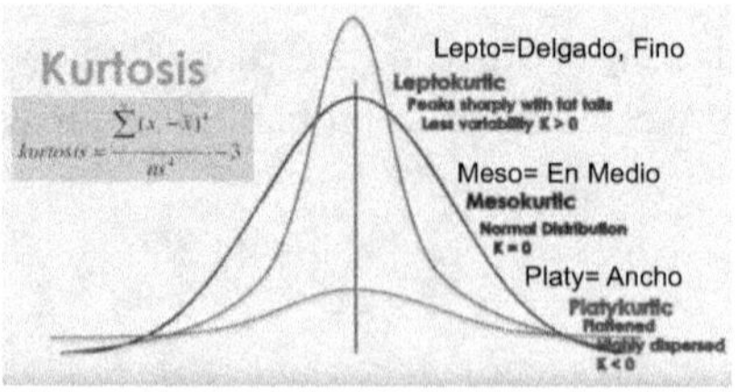Kurtosis Lepto=Delgado, Fino Leptokurtic Meso= En Medio Mesokurtic Normal Distribution K=0 Platy= Ancho Platykurtic K<0		La Kurtosis de la distribución normal es = 0 • Si K>0 (Menor Dispersión) • Si K<0 (Mayor Dispersión)

¿Porque es importante determinar si el sesgo (simetría) y concentración (kurtosis=apuntamiento) es mayor, menor o igual a la distribución normal?

Ambos parámetros son una medida más para analizar la exactitud y precisión de nuestros datos con respecto a una referencia estándar perfectamente normal. Valores de Simetría y Kurtosis entre -1.5 y 1.5 se consideran aceptables y podemos concluir que nuestros datos presentan un patrón normal.

Un comentario adicional sobre Z

Como podemos ver a partir de la media (μ) y la desviación estándar (σ) en la muestra podemos calcular Z. ¿Pero qué tipo de desviación estándar usaremos para calcular Z? Si usamos una variación de corto término (Short term) obtendremos una Z de corto término (Zst). De la mismo forma si usamos una variación de largo término (Long term) obtendremos una Z de largo termino (Zlt).

El tipo de Z que utilizaremos, depende del tamaño de la muestra. Tenemos que para Zst (short term) se utiliza para muestras pequeñas. Estas muestras deben considerar los siguientes criterios:

- Estar libre de causas especiales solo causas aleatorias
- Ser un grupo homogéneo de datos

En el caso de Zlt (long term) se utiliza para muestras grandes donde se tienen los siguientes criterios:

- La muestra posee causas aleatorias y especiales.
- Los datos se obtienen de una muestra heterogénea. Varios lotes, varios turnos, varias máquinas, etc.

Como podemos ver en la práctica solemos utilizar Zst ya que constantemente hacemos prubas basados en una muestra pequeña. Por lo tanto, basado en Zst tenemos que un nivel de calidad de 6 sigma significa tener solo 3.4 partes defectuosas por millón de oportunidades.

Que significa Zst (short term) y Zlt (long term)?

Zst (Para evaluar muestras pequeñas)	Zlt (Para evaluar muestras grandes)
1.- Representa solo causas aleatorias. Libre causas especiales. 2.- Grupo homogéneo (cosas similares) Ej. Datos de un lote de material	1.- Muestra con causas aleatorias y especiales. 2.- Datos de varios lotes, muchos turnos y muchas maquinas.

En resumen

- La distribución normal es la base estadística de six sigma.
- La distribución normal es 100% útil para hacer inferencias en procesos (fenómenos) normales, pero completamente imprecisa en procesos aleatorios que no siguen una distribución normal.
- Conocer a detalle las características de la distribución normal estandarizada nos permite tener una referencia para saber qué tan normal es una distribución y evaluar con exactitud el comportamiento de los datos mediante el comparativo de simetría y dispersión con respecto a una distribución estándar normal.

Capítulo 5

Capacidad de Proceso.

(¿Qué nivel de Calidad produce tu proceso?)

*"No es necesario cambiar,
la supervivencia no es obligatoria."
-W. Edwards Deming.*

Antes de entrar en la explicación del concepto de capacidad de proceso vamos a explicar que son y qué relación tiene estos indicadores con el tema de six sigma. Los índices de capacidad de proceso son una forma sencilla de medir la calidad que produce un proceso al cuantificar el nivel de variación que existe en un proceso contra la variación permitida en el mismo. Decir que tenemos una capacidad de proceso de 2 básicamente significa que el proceso tiene un nivel de six sigma ($\pm 6\sigma$) como lo veremos a detalle en este capítulo.

¿Pero que es la capacidad de proceso?

Los procesos industriales tienen variables de salida o de respuesta las cuales deben de cumplir ciertas especificaciones para así considerar que el proceso está funcionando de manera satisfactoria. Evaluar la habilidad o capacidad de un proceso es analizar que tan bien cumplen sus variables de salida con las especificaciones. Entonces, la capacidad de proceso es la manera en que las variables de salida de un proceso cumplen con las especificaciones. Mediante la siguiente tabla vamos a listar todos los índices que se usan para evaluar un proceso. Y después explicaremos a detalle cada uno de ellos.

	Plazo	Limites	Índice	Descripción
Índices de capacidad de proceso	Corto (para una muestra). - Se calcula a partir de muchos datos tomados durante un periodo corto para que no haya influencias externas en el proceso, o con muchos datos de un periodo largo, pero calculando a sigma con el rango promedio. *Evalúa la Tecnología del proceso.*	Doble espec. Bilateral	C_p	Relación de capacidad.
			C_r	Relación inversa de capacidad
			C_{pk}	Relación de capacidad real.
			K	Índice de Localización.
			Z	Métrica de six sigma.
			C_{pm}	Índice de Taguchi.
		Una espec. Unilateral	C_{pi}	Relación de capacidad con límite inferior.
			C_{ps}	Relación de capacidad con límite superior.
	Largo (para una población). - Se calcula con muchos datos tomados de un periodo largo para que los factores externos influyan en el proceso en este caso sigma será estimada por la desviación estándar de todos los datos. *Evalúa la tecnología y el control de la tecnología.*	Doble espec.	P_p	Relación de capacidad en la población.
			P_{pk}	Relación de capacidad real en la población.

C_p   = Relación de   = Indicador de   = LES-LEI / 6σ
capacidad.   Precisión

El Cp es simplemente una relación de la variabilidad permitida la cual es la tolerancia de la especificación dividida entre la variabilidad real en el proceso.

C_r   = Nivel de Capacidad.   = Nivel de   = (6σ / LES-LEI) x 100
precisión

El C_r es el inverso del C_p ya que compara la variación real contra la tolerada. En este caso entre menores sean los valores de C_r es mejor. La ventaja del índice C_r sobre el C_p es que tiene una interpretación un poco más intuitiva. El C_r representa la proporción de la banda de especificaciones que es ocupada por el proceso. Por ejemplo, si el Cr=0.60 significa que la variación del proceso abarca o cubre solo el 60% de la banda de especificación. Por lo que su capacidad potencial es satisfactoria. En cambio, si el C_r=1.20, eso indica una capacidad pobre, ya que la variación del proceso cubre 120% de la banda de especificación.

La desventaja del C_p y C_r es que no toman en cuenta el centrado del proceso. Para superar esta desventaja recurrimos al índice de capacidad real. El C_{pk}.

Para calcular el índice de capacidad real C_{pk}, se agregan otros 2 índices llamados C_{pi} y C_{ps} los cuales se calculan con el promedio del proceso (μ) y el límite de especificación inferior (LEI) y límite de especificación superior (LES) respectivamente y dividido entre 3σ.

C_{pi}   = Relación de capacidad con   = Indicador de   = μ-LEI / 3σ
límite inferior.   Exactitud

C_{ps} = Relación de capacidad con límite superior.   = Indicador de Exactitud   = LES − μ / 3σ

C_{pk} = Relación de capacidad real.   = Indicador de Exactitud   = Valor más pequeño entre C_{pi} y C_{ps}

¿Pero que significa que el proceso este centrado? Básicamente que el promedio de los datos (μ) sea igual a la media de la especificación (N=valor target o valor nominal). Veamos en el ejemplo siguiente la diferencia entre un proceso centrado y uno no centrado hacia ambos lados de la especificación.

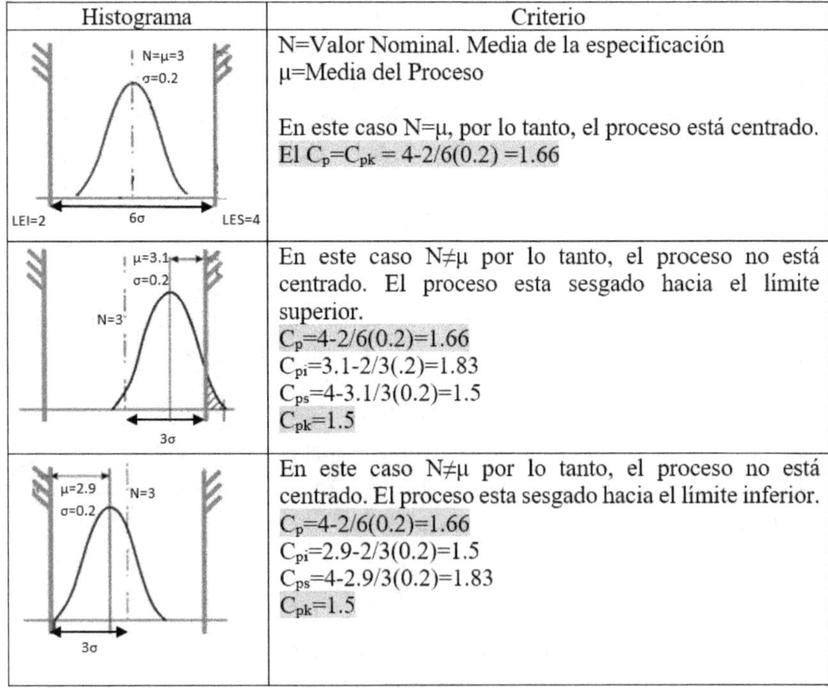

Histograma	Criterio
	N=Valor Nominal. Media de la especificación μ=Media del Proceso En este caso N=μ, por lo tanto, el proceso está centrado. El C_p=C_{pk} = 4-2/6(0.2) =1.66
	En este caso N≠μ por lo tanto, el proceso no está centrado. El proceso esta sesgado hacia el límite superior. C_p=4-2/6(0.2)=1.66 C_{pi}=3.1-2/3(.2)=1.83 C_{ps}=4-3.1/3(0.2)=1.5 C_{pk}=1.5
	En este caso N≠μ por lo tanto, el proceso no está centrado. El proceso esta sesgado hacia el límite inferior. C_p=4-2/6(0.2)=1.66 C_{pi}=2.9-2/3(0.2)=1.5 C_{ps}=4-2.9/3(0.2)=1.83 C_{pk}=1.5

Un proceso que está en control (con Precisión) puede no ser capaz de producir productos que cumplan la especificación (Sin Exactitud). Es por eso que se

requiere de un análisis para verificar que el proceso esté en control y también dentro de especificación. Un proceso que produce todas las unidades dentro de especificación con una variabilidad controlada se dice que es un proceso capaz (Preciso y Exacto). En la siguiente tabla mostramos la relación entre precisión (C_p) y exactitud (C_{pk}) y mediante a una analogía de tiro al blanco.

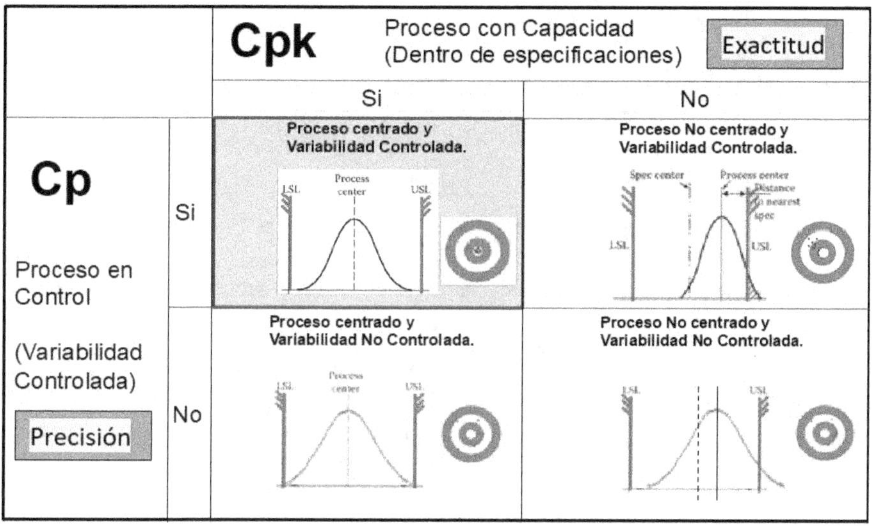

Entonces de manera general tenemos que el C_p determina si el proceso está en control, es decir que tiene una variación dentro de lo permitido. Por otro lado, el C_{pk} nos dice si el proceso está centrado y si tiene capacidad para que todos los datos estén dentro de especificación.

Si el valor del C_p es menor a 1 entendemos que la campana de la distribución queda fuera de los límites de especificación. Si el C_p es igual a 1 entendemos que el 99.87% de los datos están dentro de la campana de distribución normal (+/-3σ). Si el C_p es igual a 1.33 entendemos que el 99.996% de los datos están dentro de la campana de distribución normal (+/-4σ). Si el C_p es igual a 1.66 entendemos que el 99.99997% de los datos están dentro de la campana de distribución normal (+/-5σ). Y por último si el C_p es igual a 2 entendemos que el 99.9999999% de los datos están dentro de la campana de distribución normal. (+/-6σ).

CP	% de área debajo de la campana	Variación	Chart
1	99.87	$\pm 3\sigma$	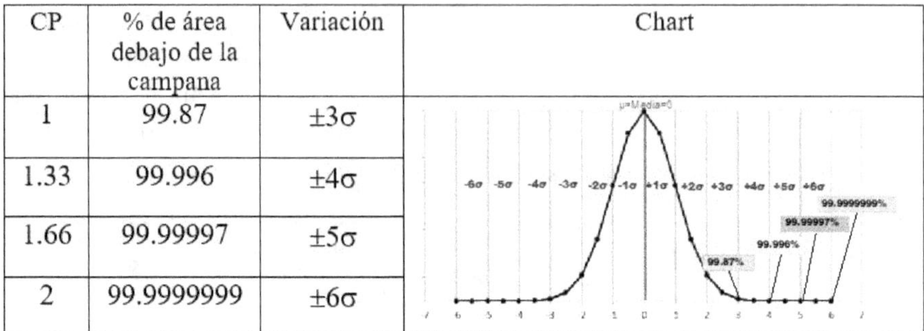
1.33	99.996	$\pm 4\sigma$	
1.66	99.99997	$\pm 5\sigma$	
2	99.9999999	$\pm 6\sigma$	

¿Cómo Six Sigma define el juicio para el C_p?

Valor del Índice Cp (corto Plazo)	Clase o Categoría del proceso.	Decisión (si el proceso está centrado)
$C_p \geq 2$	Clase Mundial	Se tiene calidad Six Sigma.
$C_p > 1.33$	1	De 4 a 5 Sigmas. Proceso Adecuado
$1 < C_p < 1.33$	2	De 3 a 4 Sigmas. Proceso parcialmente adecuado. Requiere de un control estricto.
$0.67 < C_p < 1$	3	De 2 a 3 Sigmas. Proceso no adecuado para el trabajo. Un análisis del proceso es necesario. Requiere modificaciones serias para alcanzar una calidad satisfactoria
$C_p < 0.67$	4	De 1 a 2 Sigmas. Proceso no adecuado para el trabajo. Requiere de modificaciones muy serias.

Como podemos ver la relación entre sigma y C_p es lineal y nos dice que entre más desviaciones quepan dentro de los límites de especificación el valor del C_p aumenta.

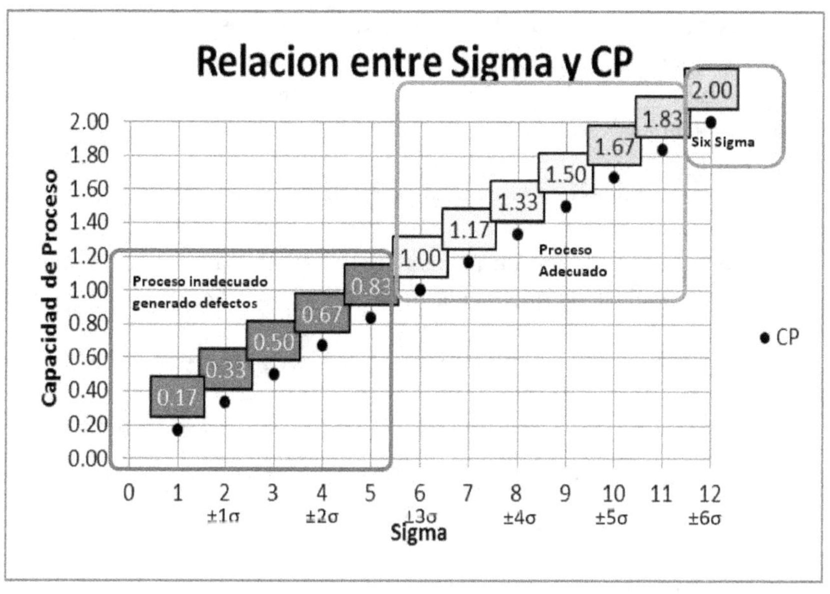

K   = Índice de localización   = Indicador de   = μ-N/0.5(LES-
     o descentrado   Precisión y Exactitud   LEI) x 100

Este índice mide en términos relativos y porcentuales que tan descentrada o alejada esta la media de un proceso (μ) respecto al valor nominal (N) para la característica de calidad.

En el ejemplo anterior podemos calcular que K=2.9-3/0.5(2) x 100 = 10%

Esto significa que la media del proceso (μ) está alejada 10% del valor nominal (N)

Si el signo del valor de K es positivo significa que la media del proceso es mayor al valor nominal y será negativo cuando μ sea menor que N.

Valores de K menores a 20% en términos absolutos se pueden considerar como aceptables. Pero a medida que sea mayor a 20% indica un proceso muy descentrado lo que puede contribuir de manera significativa a que la capacidad de proceso para cumplir la especificación sea baja.

El valor nominal (N) es la calidad objetivo y optima; cualquier desviación respecto a este valor lleva a un detrimento en la calidad. Por ello cuando un proceso esta descentrado de manera significativa se deben hacer esfuerzos serios para centrarlo lo que regularmente no es tan difícil.

Z = Índice Z = Métrica de Six Sigma = Zs =LES-μ/σ

$$Zi = \mu\text{-LEI}/\sigma$$

Mide el número de Sigmas con el que se desempeña un proceso. La meta es lograr 6 sigmas. Se obtiene al calcular la distancia entre las especificaciones y la media del proceso (μ) en unidades de desviación estándar (σ). En nuestro ejemplo anterior podemos calcular que:

Z_s=4-2.9/0.2=5.5 Sigma y Z_i=2.9-2/0.2=4.5 Sigmas

Entre más grande sea el valor de Z mejor será la capacidad de proceso. Como se puede ver hay una relación directa entre los índices C_{ps} y C_{pi} con el índice Z, ya que:

$3C_{ps}$=Z_s y $3C_{pi}$=Z_i

Z es la métrica usada en los proyectos de six Sigma ya que este mide el número de sigmas con el que se desempeña un proceso. Siendo la meta 6 sigmas.

C$_{Pm}$ = Índice de Taguchi = Indicador de Exactitud = (LES-LEI) / 6τ

$$\text{Donde } \tau=\sqrt{\sigma^2}+(\mu\text{-N})$$

El índice de Taguchi es similar al C_{pk} que toma en cuenta de forma simultánea el centrado y la variabilidad del proceso. Es decir, es la relación entre la variación permitida y la variación real considerando el efecto de un proceso descentrado. Para el C_p y el C_{pk} lo más importante es reducir la variabilidad y cumplir con las especificaciones. Sin embargo, desde el punto de vista de G. Taguchi cumplir con la especificación no es sinónimo de buena calidad y la reducción de variabilidad debe darse en torno al valor nominal (calidad óptima). **Es decir, la mejora de un**

proceso según Taguchi debe estar orientada a reducir su variabilidad alrededor del valor nominal, N, y no solo orientada a cumplir con las especificaciones. Taguchi propone una definición alternativa de los índices de capacidad de proceso, la cual se fundamenta en lo que él denomina "Función de Perdida"= τ

De nuestro ejemplo anterior tenemos que $\tau=\sqrt{\sigma^2+(\mu-N)}= \sqrt{(0.2)^2+(2.9-3)^2}=0.2236$

$C_{pm}= 4-2/6(0.2236) =1.49$

Pp   = Relación de capacidad largo plazo.   = Indicador de Precisión largo plazo.   = LES-LEI / 6σ

La manera de calcular la desviación estándar del proceso es considerando la desviación entre muestras y dentro de las muestras, lo que se hace calculando la desviación estándar directamente de todos los datos obtenidos a lo largo del tiempo; de esta forma, si se tienen en muchos datos de un tiempo suficientemente amplio entonces se tendrá una idea de la capacidad de proceso a largo plazo. Por lo general, para designar a los índices con la desviación estándar de largo plazo se le designa con Pp en lugar de C_p, P_{pk} en lugar de C_{pk}, y así con los demás índices cuya letra inicial C se sustituye por la P. Es decir, P_p se calcula de igual forma que el C_p, la diferencia es la forma en que se calculó la desviación estándar: largo plazo para P_p y corto plazo para C_p.

La capacidad de corto plazo evaluada a través de C_p y por el índice Z (que en este caso puede designarse como Z_{ct}) representa la tecnología del proceso mientras que la capacidad de largo plazo por P_p y por el estadístico Z (que en este caso puede designarse con Z_{lt}) representa la tecnología del proceso combinada con el control de la tecnología.

La diferencia entre la capacidad de corto plazo y largo plazo se conoce como desplazamiento o movimiento del proceso y se puede medir a través del índice Z de la siguiente manera: $Z_{mov}=Z_{ct}-Z_{lt}$

El índice Z_{mov} representa la habilidad para controlar la tecnología. Hay estudios que ponen de manifiesto que la media de un proceso puede desplazarse a través del tiempo hasta 1.5 sigmas del valor nominal, es decir que el valor del índice

Z_{mov} puede ser de hasta 1.5 en procesos con un control pobre. Por lo general este 1.5 se utiliza de la siguiente manera. Si se puede calcular Z_{mov}, entonces si este es menor que 1.5; esto se interpretara como que el proceso tiene un mejor control que el promedio de los procesos con pobre control, y si es mayor que 1.5, entonces el control es muy malo. Si no se conoce Z_{mov}, entonces puede asumirse un valor de 1.5. De aquí que, si no se conoce el desplazamiento del proceso, la relación entre capacidad de corto y largo plazo la da la siguiente expresión:

$Z_{ct}=1.5+Z_{lt}$

En la siguiente tabla tenemos los valores de -6 Z_{lt} hasta 6 Z_{lt} con su probabilidad correspondiente. Si graficamos la probabilidad p (% dentro) y la probabilidad q (% fuera) obtenemos una curva creciente y otra decreciente respectivamente.

| | | | Sigma Long term (Zlt) | | | | DPMO | Sigma Short term (Zst) |
	Cp	Sigma	Z	CDF para Z	% Dentro	% Fuera	PPM	Z
	2	6	-6	0.0000000	0.00000010	99.9999999	0.0010	
	1.83	5.5	-5.5	0.0000000	0.0000019	99.9999981	0.0190	
	1.67	5	-5	0.0000003	0.000029	99.99997	0.2867	
	1.5	4.5	-4.5	0.0000034	0.00034	99.99966	**3.40**	6
	1.33	4	-4	0.0000317	0.003	99.9968	31.67	5.5
	1.17	3.5	-3.5	0.0002326	0.023	99.9767	233	5
	1	3	-3	0.0013499	0.135	99.87	1,350	4.5
	0.83	2.5	-2.5	0.0062097	0.621	99.38	6,210	4
	0.67	2	-2	0.0227501	2.28	97.72	22,750	3.5
Areas debajo de la Campana	0.5	1.5	-1.5	0.0668072	6.7	93.32	66,807	3
	0.33	1	-1	0.1586553	15.9	84.13	158,655	2.5
	0.16	0.5	-0.5	0.3085375	30.9	69.15	308,538	2
	0	0	0	0.5000000	50.00	50	**500,000**	1.5
	0.16	0.5	0.5	0.6914625	69.1	30.85	691,462	1
	0.33	1	1	0.8413447	84.1	15.87	841,345	2.5
	0.5	1.5	1.5	0.9331928	93.3	6.68	933,193	3
	0.67	2	2	0.9772499	97.7	2.28	977,250	3.5
	0.83	2.5	2.5	0.9937903	99.4	0.62	993,790	4
	1	3	3	0.9986501	99.87	0.135	998,650	4.5
	1.17	3.5	3.5	0.9997674	99.98	0.023	999,767	5
	1.33	4	4	0.9999683	99.9968	0.0032	999,968	5.5
	1.5	4.5	4.5	0.9999966	99.99966	**0.00034**	999,997	6
	1.67	5	5	0.9999997	99.99997	0.00003	1,000,000	
	1.83	5.5	5.5	1.0000000	99.9999981	0.0000019	1,000,000	
	2	6	6	1.0000000	99.9999999	0.00000010	1,000,000	

Veamos el siguiente ejemplo para calcular los índices de proceso

La longitud de cierto tornillo debe ser de 66 ±1mm. La longitud del tornillo es el resultado de corte de un acero extruido, que debe garantizar que la longitud este dentro de la especificación de 65 a 67 con un valor nominal N=66. Para detectar la posible presencia de causas especiales de variación, y en general para monitorear el correcto funcionamiento del proceso de corte, en este caso, cada hora se toman 5 muestras y se miden. Los datos obtenidos en los últimos 4 días se muestran en la tabla de abajo.

Calcular los estadísticos correspondientes y formar conclusiones:

Grupos	Muestras					X-bar	Rango
1	66.72	66.24	66.24	66.12	66.24	66.312	0.6
2	66.24	66.6	66.36	66.24	66.48	66.384	0.36
3	66.24	66.48	66.24	66.36	66.24	66.312	0.24
4	66.24	66.48	66.48	66.48	65.88	66.312	0.6
5	66.12	66.72	66.12	66.12	66.24	66.264	0.6
6	66.24	66.36	66.48	66	65.88	66.192	0.6
7	66.12	66	66.12	66.24	66.12	66.12	0.24
8	66	66	66.36	66.6	66.24	66.24	0.6
9	66.72	66.36	66.6	66.24	66	66.384	0.72
10	66.48	66.24	66.36	66.24	66.6	66.384	0.36
11	66.12	66.36	66.48	65.88	66.36	66.24	0.6
12	66.72	66.12	66.36	66.12	66.48	66.36	0.6
13	66.36	66.36	66.48	65.76	66.12	66.216	0.72
14	66	66.36	65.76	66.72	66.36	66.24	0.96
15	66.48	66.24	66.36	66.6	65.88	66.312	0.72
16	66.72	66.24	66.48	66.36	66.36	66.432	0.48
17	66.36	66.24	66.6	66.6	66.24	66.408	0.36
18	66	66	66.36	66	65.88	66.048	0.48
19	66.72	66.84	66.12	66	66.12	66.36	0.84
20	66.24	66.48	66.24	66	66.36	66.264	0.48
21	66	66.36	66.24	66.6	66.36	66.312	0.6
22	66.48	66.48	66.36	66.24	66.24	66.36	0.24
23	65.88	66.12	66.96	66.12	66.6	66.336	1.08
24	66.12	66.12	66.24	66.12	66.48	66.216	0.36
25	66.24	65.76	66.12	66.24	66.36	66.144	0.6
26	66.12	66.36	66.12	66.48	65.76	66.168	0.72
27	66.12	66	66.6	66.24	66.48	66.288	0.6
28	66.12	66.72	66.36	66.24	66.6	66.408	0.6
29	66.24	66.48	66.84	66.36	66.36	66.456	0.6
30	66.12	66.24	66.48	66.36	66	66.24	0.48
31	66.84	66.12	66.24	66.48	66.6	66.456	0.72
32	66	66.48	66.48	66.48	66.72	66.432	0.72
33	66.24	66.24	66.36	66.24	66.36	66.288	0.12
34	66.24	66.72	66.48	66.24	66.48	66.432	0.48
35	66.24	66	66.36	66.24	66.36	66.24	0.36
36	66.36	66.36	65.88	66.12	66.24	66.192	0.48
						66.3	0.553333
						X-bar-bar	R-bar

En la siguiente grafica podemos observar el valor promedio ($\bar{X}$) de cada uno de los 36 subgrupos extraidos de la población. También observamos los límites de especificación (LES/LEI) y los límites basados en $\mu \pm 3\sigma$.

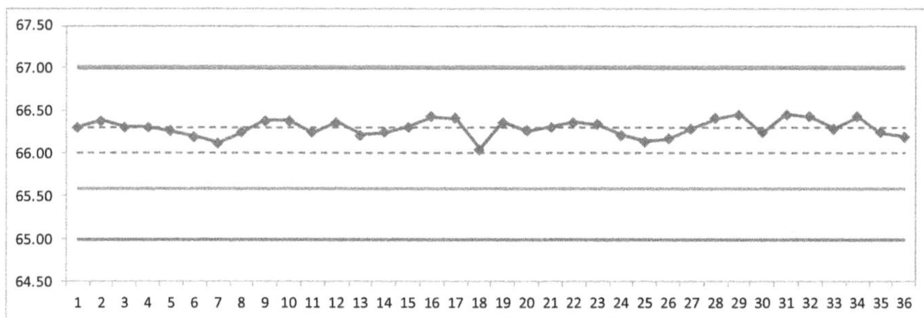

Estadístico		Análisis y Comentarios	Conclusiones
Medidas de Tendencia	Dato	-La tendencia central del proceso (μ) esta movida 0.3 mm del valor nominal. (N=66). -El 50% de las 180 mediciones fue mayor a 66.24. -La longitud más frecuente fue de 66.24 -Las medidas de tendencia central (media, mediana y moda) son relativamente similares por lo que hay cierta simetría en la distribución de los datos.	
LES	67.00		
LEI	65.00		
Valor Nominal	66.00		
$\mu=\bar{\bar{X}}$	66.30		
Mediana=$\hat{X}$	66.24		
Moda=$\tilde{X}$	66.24		
			Proceso descentrado μ=66.3
Rango Medio y Desviación Estándar	Dato		
Rango	0.41	-Hay 2 formas de estimar la desviación estándar del proceso: Una es calculándola directamente de la tabla de datos mediante la función stdev de Excel y la otra es dividiendo el promedio de los rangos entre la constante d2 (corto plazo) que depende del tamaño del sub grupo. (con n=5, d2= 2.326)	
Rango Medio (R-bar)	0.55		
Desviación Estándar (S)	0.24		
d_2	2.326		
σ=R-bar/d_2	0.24		
			σ=0.24
Límites Reales ($\mu\pm3\sigma$)	Dato		
LR sup	67.01	-Usualmente la longitud de los tornillos varía entre 65.58 y 67.01. La amplitud de estos límites es menor a la variación tolerada.	La variación real del proceso es aceptable pero se están fabricando tornillos que exceden LES=67
LR inf	65.58		
Porcentaje fuera de especificaciones	Dato		
Defectivo	0.1598%	-El porcentaje del área bajo la curva normal que excede la especificación superior es del 0.15% que corresponde a 1500 PPM's	Los tornillos que exceden los 67 mm generan scrap y problemas de calidad.
Índices de Capacidad	Dato		
C_p	1.40	-La capacidad potencial del proceso (C_p) es adecuada ya que es mayor a 1.33. Esto también se puede apreciar a través del C_r ya que muestra que la amplitud de variación del proceso cubre el 71% de la amplitud de la banda de especificación. La capacidad real del proceso es mala ya que tanto el C_{pk} como el C_{pm} son menores que 1. Los problemas de capacidad se deben a que el proceso esta descentrado 30% del valor nominal.	Centrar el proceso: Hacer los ajustes o cambios necesarios para que la longitud de los tornillos disminuya 0.3 mm
C_r	71%		
C_{pi}	1.82		
C_{ps}	0.98		
C_{pk}	0.98		
C_{pm}	0.87		
K	30%		

En resumen

- La variación es un factor inherente en todos los procesos de producción. Una variación excesiva es sinónimo de mala calidad.
- Como ingenieros de proceso, el objetivo que debemos perseguir siempre es lograr que la variación se mantenga en un nivel aceptable y que esta variación se encuentre alrededor del valor nominal lo cual significa que el proceso está centrado.
- Lo opuesto a variación es precisión y lo opuesto a falta de centritud es exactitud. Por lo que uno de los principales objetivos de todo experto del six sigma es alcanzar una precisión y exactitud ideal.

- El nivel ideal se determina mediante la métrica de six sigma que establece que **para tener un proceso de clase mundial es necesario que la variación del proceso quepa 12 veces (±6σ) dentro del rango de especificación. Lo que equivale a 3.4 defectos por millón de unidades. Esto es simplemente una aproximación a la perfección.**

Capítulo 6

Regresión Lineal en Six Sigma

(¿Necesitas hacer una proyección, una correlación o una ventana de proceso?)

"Sin datos, solo eres otra persona más dando su opinión."
-W. Edwards Deming.

¿Qué relación existe entre regresión lineal y six sigma?

La regresión lineal es una herramienta estadística que permite hacer estimaciones en base a un grupo de datos de 2 variables. En los proyectos de six sigma generalmente el objetivo es reducir la variación o centrar el proceso. Para lograr esto es necesario hacer un estudio de correlación o mejor dicho un estudio de causa y efecto entre una variable dependiente y una independiente.

Por ejemplo, en el caso del ejemplo del capítulo anterior, ¿que determina la variación en la longitud de los tornillos? Podemos encontrar mediante un diagrama de pescado que la variación natural de la maquina depende de varios factores como presión hidráulica, vida de la herramienta de corte, lubricación o desgaste de partes internas de la máquina, etc.

DIAGRAMA DE PESCADO.- Relación grafica de un problema (Y) con sus causas o Factores que lo producen (X).

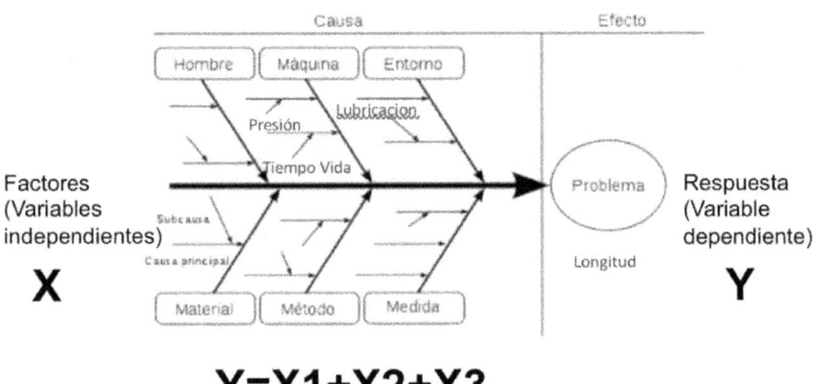

$$Y = X1 + X2 + X3$$

Usualmente un problema es la suma de varios factores.

Entonces un estudio de correlación se haría entre la presión de la máquina como variable independiente y la longitud del tornillo como respuesta o variable dependiente. De esta manera podríamos definir qué rango de presión necesitamos en la máquina para tener una variación aceptable en la longitud de los tornillos.

El diagrama de dispersión (scatter diagram) es conocida como una de las 7 herramientas de calidad y que nos sirve para encontrar los niveles óptimos en las variables independientes para tener una variación ideal en la variable dependiente. Entonces podemos concluir que un estudio de regresión lineal es básicamente la construcción de un diagrama de dispersión cuyo objetivo es definir parámetros de entrada del proceso para obtener una variación o datos de salida aceptables.

¿Pero a que se refiere el término lineal?

El término lineal significa que la razón de aumento/disminución de la variable independiente causa una razón de aumento/disminución proporcional en la variable dependiente.

Una relación lineal, como su nombre lo indica, está representada por una línea recta. ¿Qué quiere decir esta recta? Nos dice que a medida que X aumenta Y Aumenta o de forma inversa a medida que X aumenta Y disminuye. La ecuación general de la recta está dada por Y=mX+b. En donde m es la pendiente la cual depende de la razón de cambio y puede ser positiva o negativa. Si va en aumento es positiva y si va en decremento es negativa. b lo llamamos el Intercepto y es el valor que toma Y cuando la variable X=0. O sea es el punto donde la recta cruza el eje Y

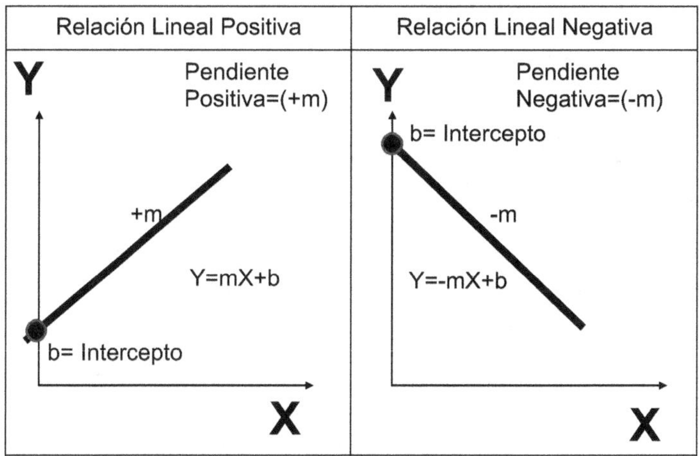

La ecuación general de la recta esta dada por:

$$Y=mX+b$$

¿Pero cómo encontramos los valores de m (pendiente) y b (intercepto)?

La manera complicada es obtenerlos estadísticamente de forma manual, mediante el método de los cuadrados mínimos, pero porque complicarse la vida si estos factores los podemos encontrar rápido y sencillo mediante Excel. Lo único que requerimos es seleccionar los valores de X - Y y graficarlos en un diagrama de dispersión. Posteriormente agregamos la línea de tendencia y activamos las opciones de ecuación en el gráfico de dispersión.

Los siguientes pasos te ayudaran a construir rápidamente un diagrama de dispersión mediante Excel.

1.- Seleccionar los datos de X y Y

2.- Insertar la gráfica mediante el icono de gráfico de dispersión

3.- Una vez hecha la gráfica, seleccionar los puntos graficados y dar clic derecho para aparecer opciones y seleccionar "agregar línea de tendencia".

3.- En la ventana de formato de línea de tendencia, activar "presentar ecuación en el grafico" y "presentar el valor de R cuadrado en el gráfico".

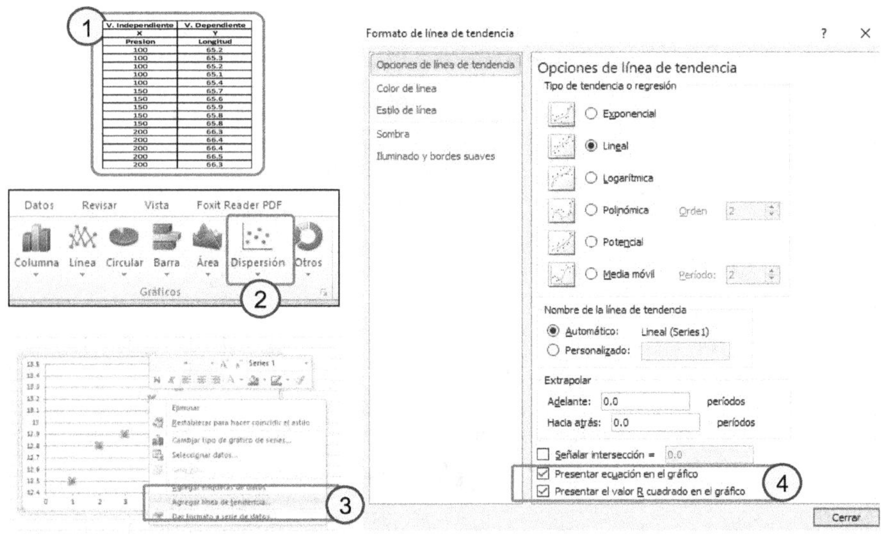

El resultado de este procedimiento es el siguiente.

V. Independiente	V. Dependiente
X	Y
Presion	Longitud
100	65.2
100	65.3
100	65.2
100	65.1
100	65.4
150	65.7
150	65.6
150	65.9
150	65.8
150	65.8
200	66.3
200	66.4
200	66.4
200	66.5
200	66.3

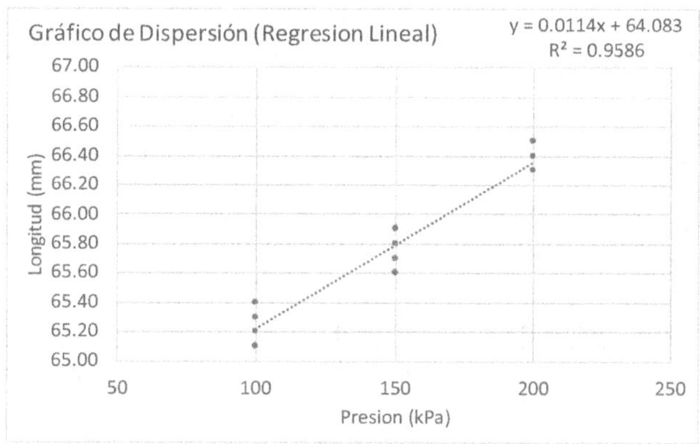

¿En base a los datos obtenidos, que presión en la maquina necesitamos para tener una longitud en el valor nominal (66)? La respuesta es un valor de 170 kPa.

Qué pasa si la longitud tiene una tolerancia (65.40 a 66.2) y no podemos salir de esos valores. ¿Qué proceso deberíamos de definir un rango de presión de manera que me permita tener variación, pero no salirme de los límites de especificación? La solución es crear una ventana de proceso donde la presión (variable independiente) se limite a ciertos valores de manera que no nos salgamos fuera de la especificación de la longitud. Mediante la gráfica podemos observar que los límites de la presión se definieron de 120 a 177 kPa. Que básicamente se obtuvieron mediante el promedio de la longitud $\pm 3\sigma$ a la presion de 150 kPa

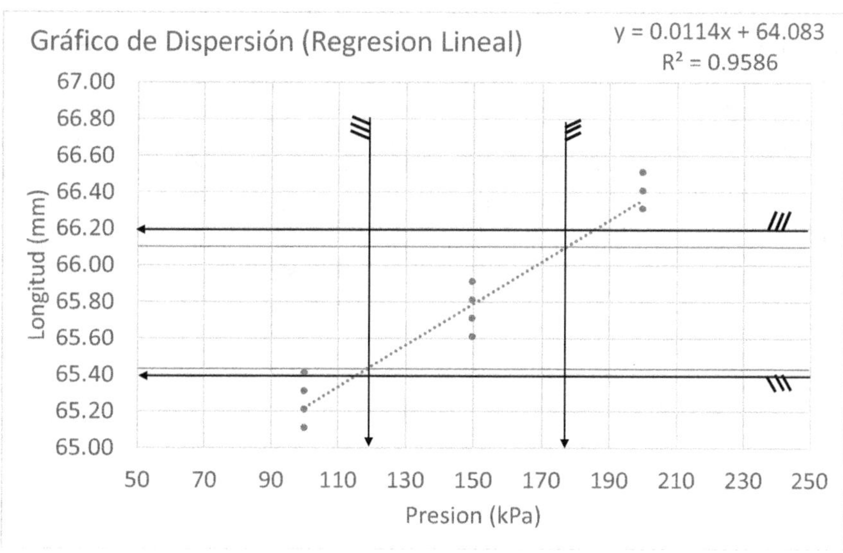

¿Ahora cómo podemos saber que tan precisa es la Ecuación de Regresión lineal obtenida de nuestros datos de X y Y? Mediante la obtención del coeficiente de correlación R^2 (Paso 4 de imagen anterior). Este coeficiente también se obtiene rápidamente con Excel al agregar la línea de tendencia y activar la opción: Presentar el valor R cuadrado en el gráfico. El Coeficiente de correlación toma valores de 0 a 1. Donde 0 no hay correlación alguna y 1 Correlación perfecta. Es decir, Conforme aumenta la variable independiente X la variable dependiente Y cambia proporcionalmente.

Coeficiente de Correlación: R^2

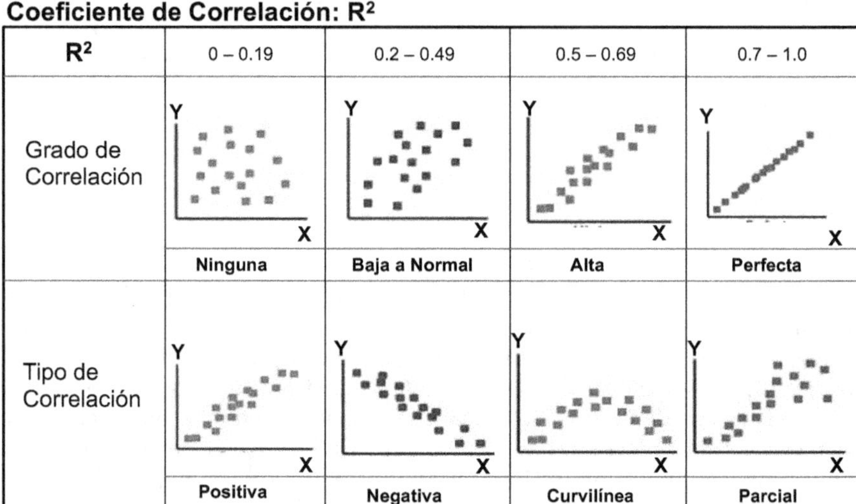

Es importante mencionar que hay veces que al aumentar la variable independiente (X) y la variable dependiente (Y) tiene un comportamiento distinto. En nuestro ejercicio anterior si la longitud se quedara constante por más que aumentara la presión de la maquina podemos decir que la variable alcanzo su nivel de saturación. O También podría suceder que la longitud se incremente de manera exponencial a pequeños incrementos en la presión de manera que existe una sobre respuesta.

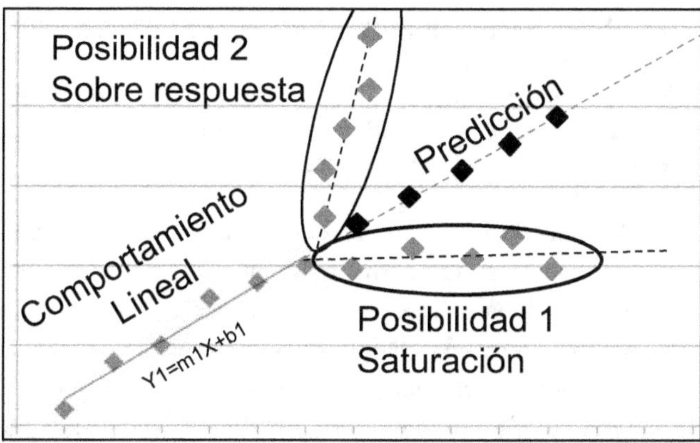

Nota: Si hay un nuevo comportamiento en la tendencia lo correcto sería volver a obtener una nueva ecuación de regresión.

Cuidado con las Proyecciones

Imagina que una persona con un ingreso de 50 mil pesos mensuales gana de pronto la lotería y ahora su ingreso aumenta a 500 pesos mensuales. Si hacemos una proyección pensaríamos que cuanto más tiempo pase, más ingresos acumulara. Pero la realidad muestra después de pasado cierto tiempo que la persona que de pronto gano la lotería se queda sin dinero y vuelve a tener sus 50 mil pesos iniciales.

Este ejemplo es solo para ilustrar que las proyecciones no siempre son exactas o correctas y hay que comprobar las hipótesis con la realidad.

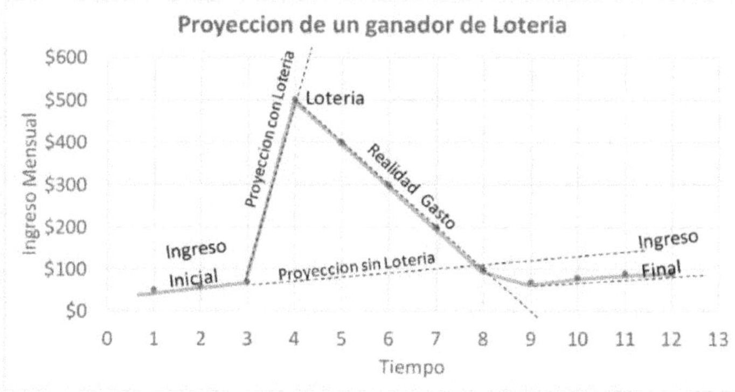

En resumen:

- El término regresión fue acuñado por Francis Galton al referirse a un fenómeno biológico. El fenómeno era que las alturas de descendientes de hombres muy altos tienden a regresar a la media de la estatura o dicho en otras palabras al promedio. Es decir, la estatura de hijos de hombres muy altos tiende a regresar al promedio.

- El Análisis de Regresión en six sigma es una herramienta que nos ayuda a saber si hay correlación entre el problema y sus causas. Y es muy útil para hacer estimaciones en relaciones lineales para reducir la dispersión o centrar los procesos.

- Una limitante del análisis de regresión simple es que, si hay un nuevo comportamiento de la variable dependiente, nuestro pronóstico basado en la ecuación de regresión lineal no será preciso. Siempre que haya una sobre respuesta o efecto de saturación en la variable dependiente, es necesario agregar una nueva ecuación de regresión o algún otro modelo que represente el comportamiento.

Capítulo 7

Intervalo de Confianza

(¿Con que confianza los datos de tu muestra representa a la población?)

"Tu sistema está perfectamente diseñado para obtener los resultados que estas obteniendo."
-W. Edwards Deming.

¿Cómo se relaciona el intervalo de confianza con Six Sigma?

En muchos proyectos de six sigma en la etapa de Medir y Analizar, tenemos la necesidad de estimar los parámetros de la población (totalidad de objetos de interés) basados en una muestra. Sabemos que para fines prácticos y evitar alargar nuestra toma de decisiones, comúnmente se selecciona una muestra pequeña. ¿Pero qué tan pequeña debe ser? ¿qué pasaría si el tamaño de la muestra que seleccionamos es muy pequeña comparada con el tamaño de la población?

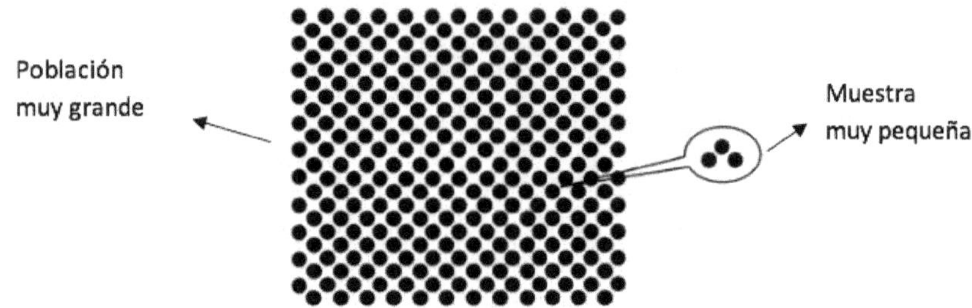

La consecuencia de tomar muestras muy pequeñas desde poblaciones muy grandes es que nuestro intervalo de confianza será muy grande (no confiable). No tendremos la confianza de que hemos recabado información precisa como para tomar una decisión. Los estimadores obtenidos de una muestra ($\bar{X}$ y S) son llamados estimadores puntuales. El estimador puntual, especialmente de una muestra pequeña no es de mucha utilidad debido a que es solo una observación de una variable aleatoria. Su valor variará de muestra a muestra y no se puede tener confianza como parámetro de la población.

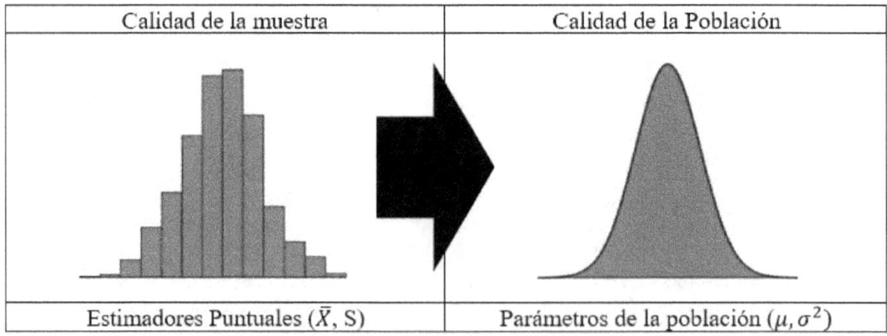

Entonces siempre que extraigamos una muestra para calcular la media o varianza de la población la pregunta que podrían hacernos es: ¿Que confianza tenemos en que la información obtenida de la muestra representa los parámetros de la población?

Es aquí donde pasamos de la estadística descriptiva a la estadística inferencial. Uno de los usos de la estadística inferencial es hacer estimaciones en un intervalo sobre los parámetros de la población. Es decir, en cierto rango y con cierta confianza.

¿Pero que es la confianza? Podemos definirla como la probabilidad de estar 100% en lo correcto menos la probabilidad de estar equivocado. La probabilidad de estar equivocado se designa con el símbolo α y lo llamamos coeficiente de confianza. Por ejemplo, si yo tengo un nivel de confianza de 100% significa que mi coeficiente de confianza es cero. Pero si tengo un nivel de confianza de 98% significa que mi coeficiente de confianza es de 2%. Y así sucesivamente.

Probabilidad de estar en lo correcto (100%)– Probabilidad de estar equivocado (α)

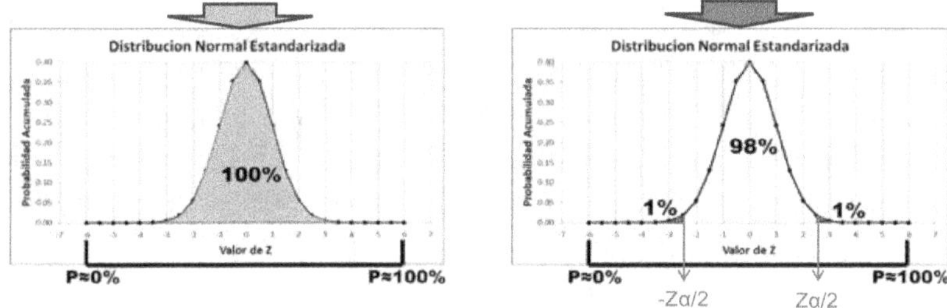

α = Coeficiente de Confianza = Probabilidad de estar equivocado =2% (-Zα/2, Z α/2)

Ejemplo:

Nivel de Confianza 100% = 100-0%
Nivel de Confianza 98% =100-2%
Nivel de Confianza 90% = 100-10%
Nivel de Confianza 50%= 100-50%

La confianza depende del tipo de distribución que utilicemos. Las distribuciones utilizadas para estimar la media y la varianza son la Normal, la T-student, y Ji-cuadrada.

Inferencia Estadística	Distribuciones de Probabilidad	Simétricas	Normal	Inferencia para la media (μ)
			T-Student	
		No Simétricas	Ji-cuadrada	Inferencia para la varianza (σ^2)

Un parámetro necesario para encontrar la probabilidad en el caso de las distribuciones T-student, y Ji-cuadrada son los grados de libertad. Los grados de libertad se determinan a partir de los tamaños muéstrales involucrados.

Aclarado el concepto de confianza, ¿cómo obtenemos el Intervalo de Confianza para la media y la varianza de la población basados de los datos de la muestra?

CI = Intervalo de Confianza = Promedio de la muestra ± (Confianza x Error Std)

$$= \mathrm{CI_{UL}} = \bar{X} + t_{\alpha/2} \left(\frac{S}{\sqrt{n}}\right)$$

$$= \mathrm{CI_{LL}} = \bar{X} - t_{\alpha/2} \left(\frac{S}{\sqrt{n}}\right)$$

Como podemos observar, el intervalo de confianza considera el error estándar. ¿Pero que es el error estándar? El error estándar es básicamente la variación que existe entre muestra y muestra. Para ejemplificar esto, suponga que extraemos 5 muestras de una población y cada muestra nos da un valor promedio diferente. Estas diferencias entre muestras representan el error estándar. El intervalo de confianza considera esta variación y se calcula mediante $\left(\frac{S}{\sqrt{n}}\right)$.

Habiendo explicado los elementos del Intervalo de Confianza podemos resumir mediante la siguiente tabla.

Distribución	Intervalo de Confianza	Límites del Intervalo	Cuando usar…?
Normal	$P(LL \leq \mu \leq UL) = 1 - \alpha$	$UL = \bar{X} + Z_{\alpha/2} \left(\frac{\sigma}{\sqrt{n}}\right)$ $LL = \bar{X} - Z_{\alpha/2} \left(\frac{\sigma}{\sqrt{n}}\right)$	Cuando conocemos la desviación de la población (σ)
T-Student	$P(LL \leq \mu \leq UL) = 1 - \alpha$	$UL = \bar{X} + t_{\alpha/2} \left(\frac{S}{\sqrt{n}}\right)$ $LL = \bar{X} - t_{\alpha/2} \left(\frac{S}{\sqrt{n}}\right)$	Cuando no conocemos la desviación de la población usamos la desviación de la muestra (S).
Ji-cuadrada	$P(LL \leq \sigma^2 \leq UL) = 1 - \alpha$	$UL = \frac{(n-1)S^2}{\chi^2_{1-\alpha/2, n-1}}$ $LL = \frac{(n-1)s^2}{\chi^2_{\alpha/2, n-1}}$	Cuando necesitamos estimar el intervalo de la varianza de la población (σ)

Los datos de probabilidad los podemos obtener de cualquier tabla distribución T y ji-cuadrada utilizando los grados de libertad (n-1) y el coeficiente de confianza (α).

Veamos un caso práctico:

Una muestra aleatoria de 4 botes de una fábrica de suavizantes fue tomada de un día de producción y la cantidad de turbulencia fue medida dando los siguientes datos: 12.6, 13.4 12.8, 13.2 ppm. En base a estos datos, calcula la turbulencia promedio de la población con un intervalo de confianza de 99% en los botes llenados este día en esa línea. Se sabe que las mediciones de la turbulencia esta normalmente distribuidas con una desviación estándar de $\sigma = 0.3$

Cuáles deberían ser los límites del intervalo de confianza para asegurar que cualquier otra muestra que se extraiga tenga un 99% de estar dentro de este intervalo?

Solución:

Si se desea un nivel de confianza de 99% en la predicción tenemos que $\alpha = 0.01$ pero como el dato que ocupamos es el de $\alpha/2$ entonces $\alpha/2 = 0.005$. esta probabilidad de 0.005 equivale a una Z de 2.579. Sustituyendo todos los datos en la formula tenemos que los limites nos quedan en 12.61, 12.39.

En Conclusión: Si se extrae otra muestra de la población, los valores de la turbulencia caerán entre 12.61 y 13.39 con un 99% de Confianza.

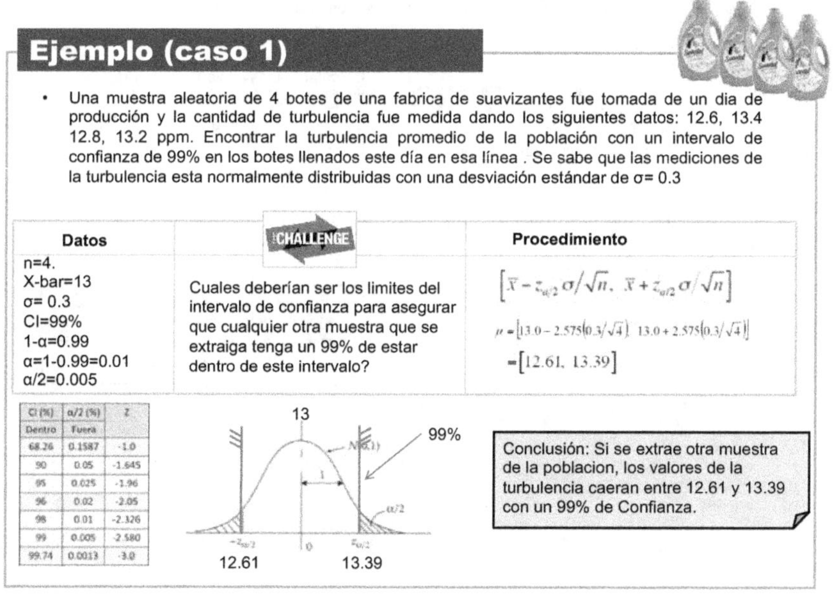

Ahora supongamos el mismo ejemplo a diferencia que no conocemos la desviación estándar de la muestra. En este caso calculamos la desviación estándar de la muestra. Después obtenemos el valor de t de las tablas usando n-1=3 y el coeficiente de confianza 0.005. Sustituyendo todos los valores en la formula tenemos que los limites quedan en 11.93, 14.06.

Como Conclusión: Si se extrae otra muestra de la población, los valores de la turbulencia caerán entre 11.93 y 14.06 con un 99% de Confianza.

Como podemos observar en el segundo caso los límites quedaron más abiertos. Esto se debe a que como no conocemos ningún parámetro de la población. Estamos estimando mediante distribuciones normales y esto nos hace menos precisos.

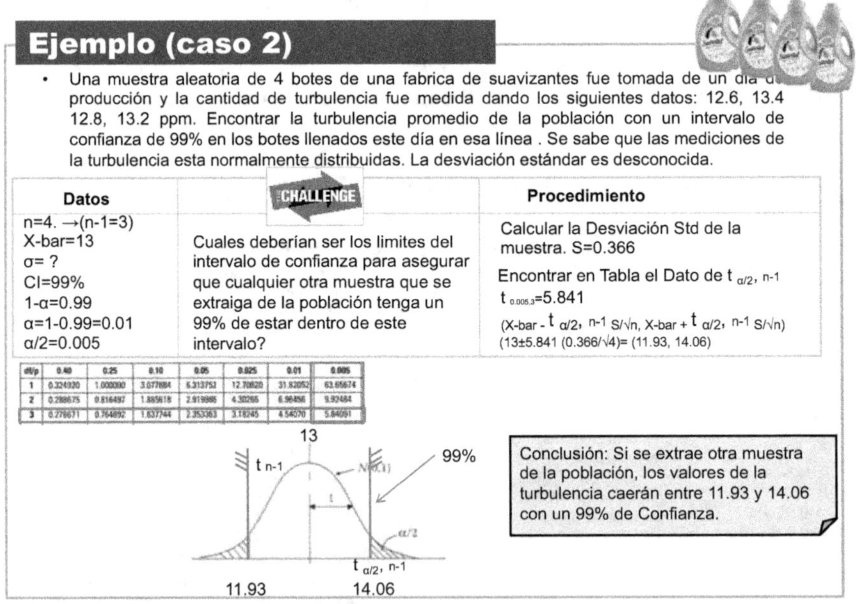

df/p	0.40	0.25	0.10	0.05	0.025	0.01	0.005
1	0.324920	1.000000	3.077684	6.313752	12.70620	31.82052	63.65674
2	0.288675	0.816497	1.885618	2.919986	4.30265	6.96456	9.92484
3	0.276671	0.764892	1.637744	2.353363	3.18245	4.54070	5.84091

Ejercicios para el lector que desea profundizar.

Una muestra aleatoria de 12 especímenes de arena de núcleo en una fundición tiene una fuerza tensil de X-bar= 180 psi. Construir un intervalo de confianza de 99% en la fuerza tensil promedio de la arena de núcleo bajo estudio si la desviación estándar de la fuerza tensil σ=15 psi. Se asume que la fuerza esta normalmente distribuida.

n=12

X-bar=180

CI=99%

$Z_{\alpha/2}$=0.005=-2.580

σ=15 psi

CI = X-bar $\pm$ K

K = $Z_{\alpha/2}$ $\sigma/\sqrt{n}$=-2.580 (15)/$\sqrt{12}$

K =-38.7/3.4641=-11.1717

CI=168.82 a 191.17

Una muestra aleatoria de 20 botes de spray para cabello se encontró que tenía un promedio X-bar= 1.15 Oz de Concentración. La desviación estándar del concentrado obtenido de la muestra fue s=0.25 oz. Encontrar el intervalo de confianza de 99% en la cantidad media del concentrado en las latas.

n=20

n-1=19

X-bar=1.15

CI=99%

$\alpha/2$=0.005

$T_{\alpha/2}$, n-1=Tablas (19, 0.005) = 2.861

s=0.25 psi

CI = X-bar $\pm$ K

K = $T_{\alpha/2}$ s/$\sqrt{n}$=2.861 (0.25)/$\sqrt{20}$

K =0.7152/4.4721=0.1599

CI=0.9901 a 1.3099

En resumen:

- El intervalo de confianza es una herramienta poderosa para hacer estimaciones de forma científica en los parámetros de la población (conjunto total de datos) basados en una pequeña muestra (algunos cuantos datos).
- Entre menor sea el intervalo de confianza mayor es la precisión de la estimación sobre la población. Esto significa que los estadísticos obtenidos de la muestra reflejan muy aproximado los parámetros de la población. Siempre que queramos reducir el intervalo de confianza (mejorar muestras estimaciones) debemos incrementar el tamaño de la muestra.
- En caso de no conocer la desviación estándar de la población (σ), podemos calcular la desviación estándar de la muestra (S) y utilizar la distribución t.

Capítulo 8

Prueba de Hipótesis

(Demuestra con evidencia estadística tus creencias.)

"No es suficiente hacer lo mejor posible, tienes que saber qué hacer y después hacerlo lo mejor posible."
-W. Edwards Deming.

Como dijimos en el capítulo anterior, frecuentemente es necesario extraer conclusiones sobre la calidad de una población basados en la calidad de una muestra.

Algunos ejemplos de hipótesis que interesa probar regularmente en los procesos son:

a). - Este proceso produce menos del 1% de defectos.

b). - Hemos logrado mejorar nuestro proceso en 6% respecto del mes anterior.

c). - Nuestros 2 proveedores de materia prima tienen el mismo nivel de calidad

d). - La edad de operadores no influye en su rendimiento.

e). - El contenido de los envases tiene demasiada variabilidad.

f). - Los instrumentos de medición no arrojan el mismo resultado.

Este tipo de afirmaciones son frecuentes en proyectos de mejora de calidad, pero no es común que la persona que la expresa tenga elementos para probarla. No basta fundamentar la afirmación en lo que "se ha percibido" en el proceso, sino que es necesario mostrar datos adecuados que corroboren lo que se afirma. ¿Cómo distinguir que lo observado no se debe al azar y por tanto puede ser relevante en la mejora del proceso? Para contestar esta pregunta es necesario profundizar en las pruebas de hipótesis.

Básicamente el proceso para formular pruebas de hipótesis es el siguiente:

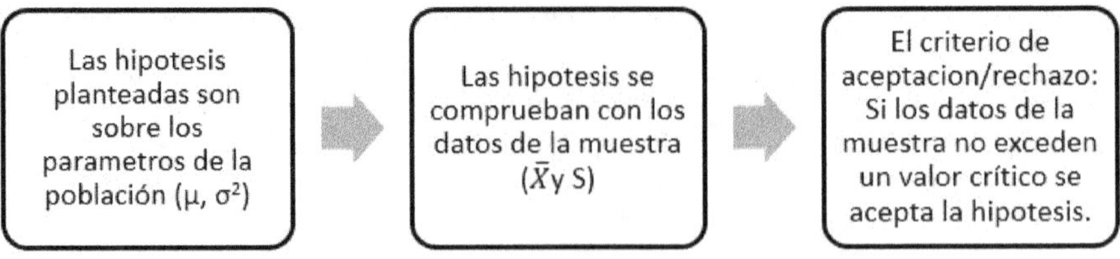

¿Cuál es la definición de Hipótesis?	¿Y qué significa Hipótesis Estadística
Básicamente es una suposición hecha sobre algo en el entorno…algo que se puede probar por medio de experimento u observación.	**Es una afirmación que hacemos sobre los valores de los parámetros de una población o proceso que es susceptible de probarse.**

¿Cuáles son los elementos de la Prueba de Hipótesis?

Hipótesis	Símbolo	Significado
Nula	H0	Creencia que inicialmente se asume como verdadera hasta que se demuestre lo contrario con los datos de la muestra.
Alternativa	H1	Creencia opuesta a la hipótesis nula. Nueva teoría o un estándar alternativo.

Principio de Decisión: Se rechaza la hipótesis nula H0 a favor de la Hipótesis alternativa H1, si los datos de la muestra (estadístico de prueba) muestra una fuerte evidencia de que H0 es falsa. De otra manera no se rechaza H0. Los estadísticos también dicen: "Fallamos en rechazar H0"

Estadístico de Prueba: Se determina mediante los datos de la muestra. Básicamente tenemos 3 tipos de estadísticos que dependen de si queremos hacer inferencia sobre la media o sobre la varianza.

Distribución	Inferencia sobre	Se usa cuando…	Estadístico de Prueba
Normal	Media (μ)	Conocemos la varianza de la población (σ^2)	$Z_{obs} = \dfrac{\bar{X} - \mu_0}{\sigma/\sqrt{n}}$
T-Student	Media (μ)	No conocemos la varianza de la población. (σ^2)	$t_{obs} = \dfrac{\bar{X} - \mu_0}{s/\sqrt{n}}$
Ji-cuadrada	Varianza (σ^2)	Queremos estimar la Varianza de la población (σ^2)	$\chi^2_{obs} = \dfrac{(n-1)s^2}{\sigma_0^2}$

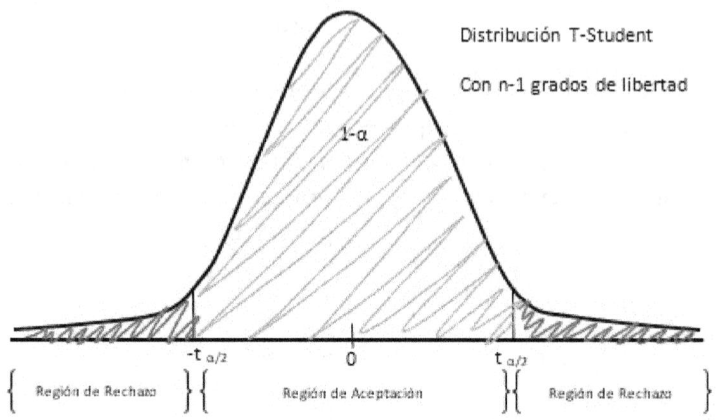

Región de Rechazo/Aceptación: Es el conjunto de todos los valores del Estadístico de Prueba para el cual la hipótesis nula será rechazada. El estadístico de prueba se compara con el valor de alfa (α) que significa "Área de Rechazo" o "Región Critica".

	0.01	Probabilidad de estar equivocado (área de región crítica) De estar aquí se rechaza H0.	1%	2.326
α	0.005		0.5%	2.580
Significancia Predefinida para **"distribución normal"**.	0.0013		0.13%	3.000
	0.02		2.0%	2.050
	0.025		2.5%	1.960
	0.05		5.0%	1.645
	0.1587		15.87%	1.000

Significancia Predefinida. Riesgo máximo por correr al rechazar H0 de manera indebida.

Significancia observada o calculada (P-Value). – Es la probabilidad que arroja el estadístico de prueba y puede ser mayor o menor a la significancia predefinida. Evalúa que tan bien los datos de la muestra soportan el argumento de que la hipótesis nula es verdadera. Es el más bajo nivel de error al cual estadístico de prueba es significativo. El P-value pudiera considerarse la frontera entre Significancia y Sensibilidad. El P-value debería funcionar como segundo criterio para aceptar o rechazar la hipótesis nula. Si P-value < α, entonces rechazamos la hipótesis nula. Obsérvese la siguiente figura:

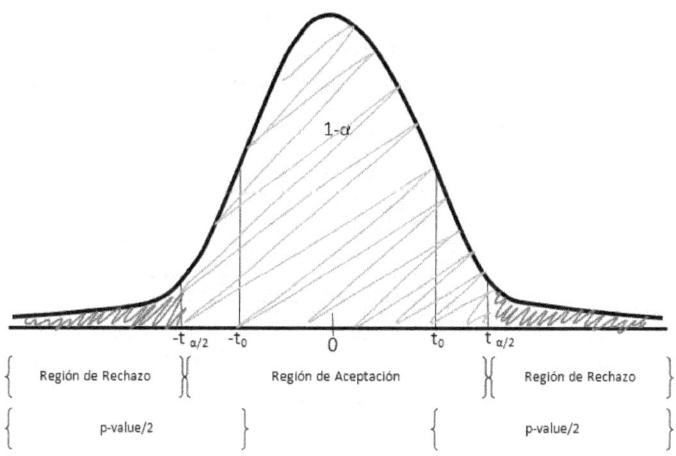

Obviamente como estamos hablando de inferencias, podemos tener errores en la prueba de hipótesis.

¿Qué tipo de errores?

Error 1= **"Error de Significancia".** Este error se da cuando la prueba declara la hipótesis nula como no verdadera, pero en realidad si lo es. Esto significa rechazar algo que en efecto es verdadero. Por ejemplo, rechazar un lote que en realidad es de buena calidad. O dicho de otra manera a manera de analogía: Declarar a alguien culpable cuando en realidad es inocente. Como aprendimos en el capítulo 7 sobre el intervalo de Confianza. Alfa es la probabilidad de estar equivocado. Por lo tanto, el Error de significancia se da al haber asignado incorrectamente la probabilidad de estar equivocado. Los porcentajes de error más común son 1%, 5% y 10%.

Error 2= **"Error de Sensibilidad"**. Este error se da cuando la prueba declara la hipótesis nula como verdadera, pero en realidad no lo es. Esto significa aceptar algo que no es verdadero. Por ejemplo, siguiendo con los casos ya descritos, aceptar un lote de mala calidad o declarar a alguien inocente cuando en realidad es culpable. El error de sensibilidad beta, es la probabilidad de que un estudio no detecte un efecto cuando en verdad si lo hay. Si la sensibilidad es alta, la probabilidad de cometer un error tipo 2 disminuye. ¿Entonces como aumentamos la sensibilidad? Básicamente aumentando el tamaño de la muestra.

Es necesario enfatizar que ambos errores son complementarios, si disminuimos el error de significancia, aumentamos el error de sensibilidad y viceversa. ¿Entonces qué criterio se debe considerar para no caer en estos errores? Aquí es necesario utilizar el P-Value o la significancia observada.

Resultados de la prueba estadística		La Prueba declara H0:	
		Verdadero	No Verdadero
En realidad H0 es:	Verdadero	OK	Error-Tipo I
			α Error de Significancia. Rechazar algo que es verdadero. Ej: Rechazar un lote de buena calidad. Declarar a alguien culpable cuando es inocente.
	No Verdadero	Error- Tipo 2	OK
		β Error de Sensibilidad. Se acepta algo que no es verdadero. Ej. Aceptar un Lote de mala calidad. Declarar a alguien inocente cuando es culpable.	

Errores	Tipo 1.	En estadística un resultado o efecto es estadísticamente significativo cuando es improbable que haya sido debido al azar.
	α Error de Significancia (Margen de Error) Los mas comunes son 0.01= 1% Error 0.05=5% Error 0.1=10% Error **P-Value**	El error de Significancia es la probabilidad de tomar la decisión de rechazar la hipótesis nula cuando esta es verdadera. La decisión se toma a menudo utilizando el valor p. Que es el valor p? P-value es el mas bajo nivel de error (significancia) al cual el valor observado (Estadístico de Prueba) es significativo. Si P-value ≤ α Se rechaza Ho Si P-value ≥ α No se rechaza Ho
	Tipo 2. **β** Error de Sensibilidad	El error de sensibilidad es la probabilidad de que un estudio no detecte un efecto cuando en verdad si lo hay. Si la sensibilidad es alta, la probabilidad de cometer un error Tipo 2 disminuye. El error de sensibilidad se ve afectado principalmente por el tamaño de la muestra.

Muy bien hasta aquí todos los elementos de la prueba de hipótesis has sido descritos. Solo falta describir las situaciones que se pueden presentar y los 3 casos presentes en cada situación.

La situación 1 se presenta cuando en la población conocemos solo la distribución estándar y necesitamos hacer inferencia en el promedio de la población basados del promedio de la muestra. Para esta situación utilizamos el estadístico de prueba Z_{obs}. En el caso 1,2, y 3 la hipótesis nula dice que el promedio de la población es igual al promedio de la muestra. La hipótesis alternativa en el caso 1 dice que el promedio de la población es menor al promedio de la muestra, en el caso 2 el promedio de la población es mayor al promedio de la muestra y en el caso 3 que el promedio de la población es diferente al promedio de la muestra.

La situación 2 se presenta cuando en la población no conocemos la distribución estándar y como en el caso 1 tenemos que hacer inferencia en el promedio de la población basados del promedio de la muestra. Para esta situación el estadístico de prueba ya no es Z_{obs} sino T_{obs}. Los casos 1,2 y 3 aplican de la misma forma que en la situación 1.

La situación 3 se presenta cuando lo que buscamos es comparar los promedios de 2 muestras y saber si las conclusiones son significativas. Para esta situación conocemos el promedio y la desviación estándar de las 2 muestras. El caso 1 se da cuando la hipótesis alternativa dice que la diferencia del promedio es menor a cero. El caso 2 dice que la diferencia de los promedios es mayor a cero y el caso 3 dice que la diferencia de los promedios es diferente a cero. Para este caso el estadístico de prueba también es Z_{obs}, pero calculada con las diferencias de ambas muestras.

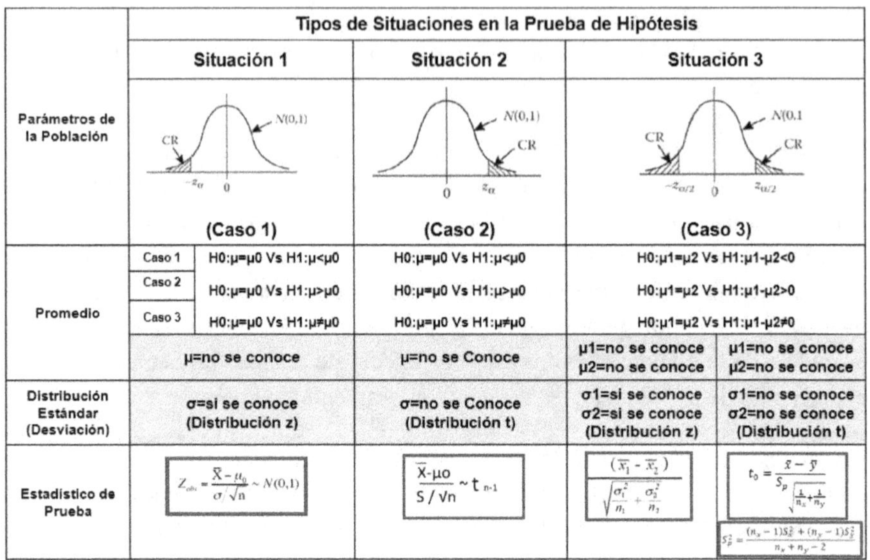

	Tipos de Situaciones en la Prueba de Hipótesis		
	Situación 1	**Situación 2**	**Situación 3**
Parámetros de la Población	(Caso 1)	(Caso 2)	(Caso 3)
Promedio Caso 1	H0:μ=μ0 Vs H1:μ<μ0	H0:μ=μ0 Vs H1:μ<μ0	H0:μ1=μ2 Vs H1:μ1-μ2<0
Caso 2	H0:μ=μ0 Vs H1:μ>μ0	H0:μ=μ0 Vs H1:μ>μ0	H0:μ1=μ2 Vs H1:μ1-μ2>0
Caso 3	H0:μ=μ0 Vs H1:μ≠μ0	H0:μ=μ0 Vs H1:μ≠μ0	H0:μ1=μ2 Vs H1:μ1-μ2≠0
	μ=no se conoce	μ=no se Conoce	μ1=no se conoce μ2=no se conoce / μ1=no se conoce μ2=no se conoce
Distribución Estándar (Desviación)	σ=si se conoce (Distribución z)	σ=no se Conoce (Distribución t)	σ1=si se conoce σ2=si se conoce (Distribución z) / σ1=no se conoce σ2=no se conoce (Distribución t)
Estadístico de Prueba	$Z_{obs} = \dfrac{\bar{X} - u_0}{\sigma/\sqrt{n}} \sim N(0,1)$	$\dfrac{\bar{X}-\mu_0}{S/\sqrt{n}} \sim t_{n-1}$	$\dfrac{(\bar{x}_1 - \bar{x}_2)}{\sqrt{\dfrac{\sigma_1^2}{n_1} + \dfrac{\sigma_2^2}{n_1}}}$ / $t_0 = \dfrac{\bar{x}-\bar{y}}{S_p\sqrt{\frac{1}{n_x}+\frac{1}{n_y}}}$, $S_p^2 = \dfrac{(n_x-1)S_x^2 + (n_y-1)S_y^2}{n_x+n_y-2}$

Veamos los siguientes ejemplos:

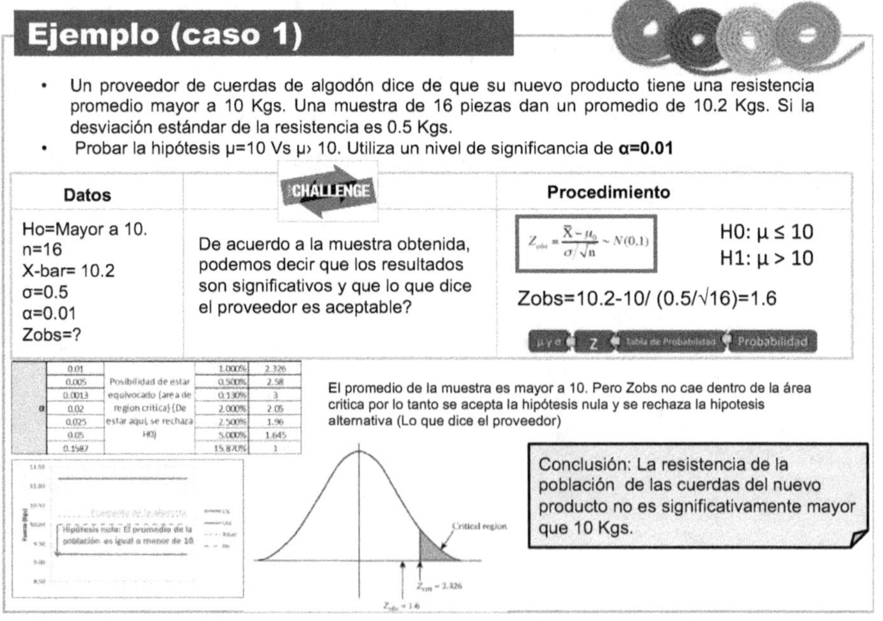

Ejemplo (caso 1)

- Un proveedor de cuerdas de algodón dice de que su nuevo producto tiene una resistencia promedio mayor a 10 Kgs. Una muestra de 16 piezas dan un promedio de 10.2 Kgs. Si la desviación estándar de la resistencia es 0.5 Kgs.
- Probar la hipótesis μ=10 Vs μ› 10. Utiliza un nivel de significancia de **α=0.01**

Datos	CHALLENGE	Procedimiento
Ho=Mayor a 10. n=16 X-bar= 10.2 σ=0.5 α=0.01 Zobs=?	De acuerdo a la muestra obtenida, podemos decir que los resultados son significativos y que lo que dice el proveedor es aceptable?	$Z_{obs} = \dfrac{\bar{X}-u_0}{\sigma/\sqrt{n}} \sim N(0,1)$ H0: μ ≤ 10 H1: μ > 10 Zobs=10.2-10/ (0.5/√16)=1.6

α	Posibilidad de estar equivocado (area de region critica) (De estar aqui, se rechaza H0)		
0.01		1.000%	2.326
0.005		0.500%	2.58
0.0013		0.130%	3
0.02		2.000%	2.05
0.025		2.500%	1.96
0.05		5.000%	1.645
0.1587		15.870%	1

El promedio de la muestra es mayor a 10. Pero Zobs no cae dentro de la área critica por lo tanto se acepta la hipótesis nula y se rechaza la hipotesis alternativa (Lo que dice el proveedor)

Conclusión: La resistencia de la población de las cuerdas del nuevo producto no es significativamente mayor que 10 Kgs.

Ejemplo (caso 2)

- La cantidad de impurezas en una bolsa de azúcar debería ser menor a 2g de acuerdo al criterio del fabricante. Un Laboratorio analiza una muestra de 5 bolsas las cuales dan los siguientes resultados: 1.80, 1.92, 1.84, 2.02 y 1.76. Hay evidencia en la muestra de que el promedio de las impurezas contenidas en las bolsas es menor a 2g?
- Probar la hipótesis $\mu \geq 2$ Vs $\mu < 2$. Utiliza un $\alpha=0.05$

Cuando no conocemos σ entonces obtenemos la desviación estándar de la muestra S. Si utilizamos S la distribución ya no es Z sino T con (n-1) observaciones.

Datos	CHALLENGE	Procedimiento
Ho=$\mu \geq 2$ H1<2 n=5 X-bar= 10.2 S=0.104 α=0.05 Tobs=?	De acuerdo a la muestra obtenida, podemos decir que los resultados son significativos y que lo que dice el proveedor es aceptable?	$\dfrac{\overline{X}-\mu o}{S/\sqrt{n}} \sim t_{n-1}$ $\quad \alpha=0.05, n-1$ $T_{critica}= -2.132$ $T_{obs}=1.868-2/ (0.104/\sqrt{5})=-2.83$

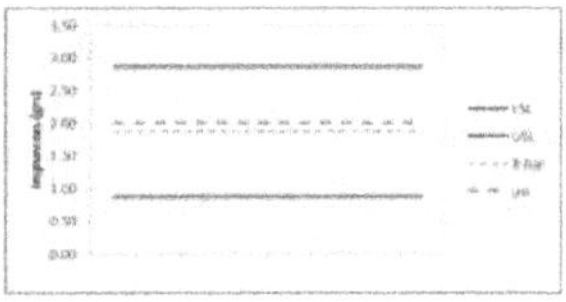

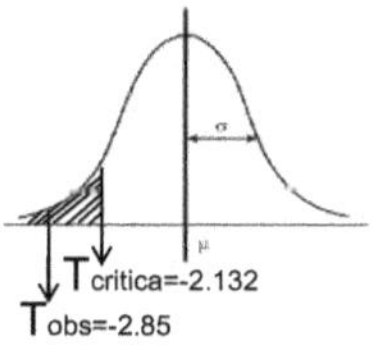

$T_{critica}=-2.132$

$T_{obs}=-2.85$

Conclusión: La muestra cae dentro de la zona critica, por lo tanto se rechaza la hipótesis nula y se acepta la hipótesis alternativa en la cual el fabricante dice que las impurezas están por debajo de 2 grs.

Ejemplo (caso 3)

- Una muestra aleatoria de 10 trabajadores hombres en una fabrica ganan un salario anual promedio de $35,000. Una muestra aleatoria de 8 mujeres trabajadoras ganaron en promedio $34,600. Las desviaciones estandar de la poblacion en los salarios de los hombres y las mujeres se sabe que son $1200 y $1800 respectivamente.

Datos	CHALLENGE	Procedimiento
Ho: $\mu 1-\mu 2=0$ Vs H1:$\mu 1-\mu 2 \neq 0$ n1=10 n2=8 X-bar1=$35,000 X-bar2=$34,600 σ1=$1200 σ2=$1800 α=0.01 Zobs=?	Probar la hipótesis de que el pago para hombres y mujeres es el mismo en la fabrica. Contra la hipótesis de que no es asi.? Utiliza una significancia $\alpha=0.01$ Area Critica: Zobs>Zα/2 o Zobs< Zα/2	$\dfrac{(\overline{x}_1 - \overline{x}_2)}{\sqrt{\dfrac{\sigma_1^2}{n_1}+\dfrac{\sigma_2^2}{n_2}}}$ $\quad$ Xbar1-Xbar2=400 $\sqrt{1200^2/10 +1800^2/8}$ $\sqrt{144000+405000}=740.94$ $Z_{obs}=400/740.94=0.54$ $Z_{\alpha/2}= 0.01/2=0.005 \rightarrow$ Tablas=(-2.575,2.575)

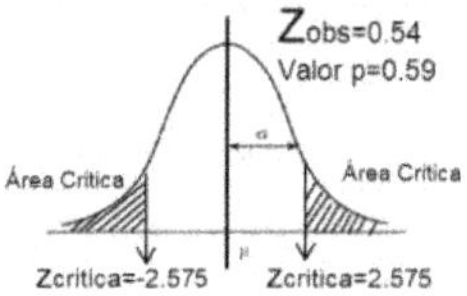

$Z_{obs}=0.54$

Valor p=0.59

Área Critica

Área Critica

Zcritica=-2.575

Zcritica=2.575

Conclusión: La muestra no esta dentro de la zona critica, por lo tanto se acepta la hipótesis nula de que el pago en la fabrica para hombres y mujeres en promedio es el mismo. Dado que el valor p no es menor que la significancia, no rechazamos la hipótesis nula.

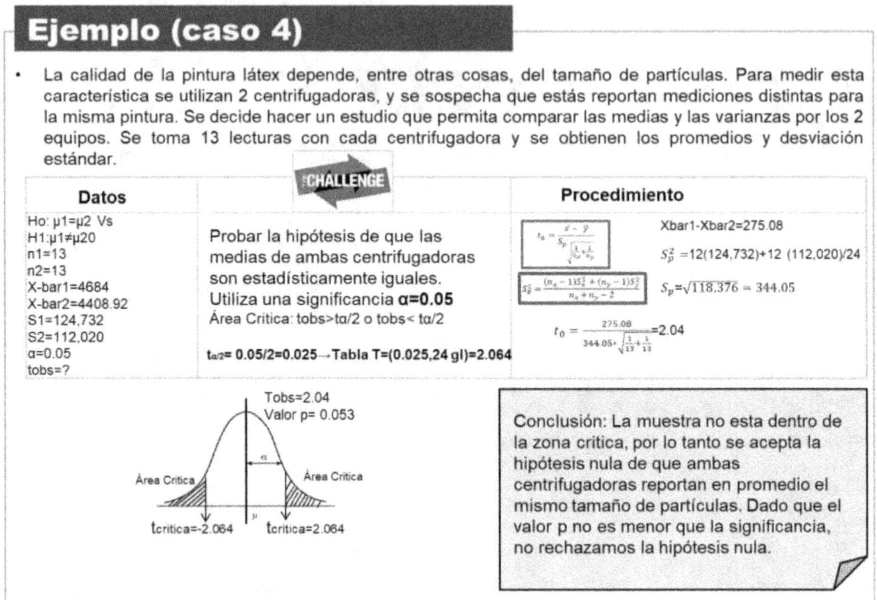

En resumen:

- Frecuentemente las personas involucradas en las líneas de producción no tienen un conocimiento sólido del control estadístico de proceso. Por lo tanto, suelen hacer afirmaciones sobre las diferentes variables que se manejan en los procesos sin el sustento que respalde tales afirmaciones. Las afirmaciones las hacemos en base al conocimiento empírico, intuición, o "corazonada" y podemos caer en algún error.

- La prueba de hipótesis es una herramienta poderosa para probar las afirmaciones o creencias que se hacen sobre los parámetros de la población (conjunto total de datos) basados en una pequeña muestra (algunos cuantos datos).

- La prueba de Hipótesis asume que puede haber error al hacer una estimación. Entonces al diseñar una prueba de hipótesis se debe definir el % de error aceptable al cual llamamos significancia (α). El Valor p es el error mínimo aceptable en el cual el estadístico de prueba es significativo. Para aumentar la sensibilidad en las pruebas de hipótesis es necesario aumentar el tamaño de la muestra.

Capítulo 9

Gráficas de Control

(No permitas que la Calidad se degrade.)

**"Mejora la Calidad,
automáticamente mejoras la Productividad."
-W. Edwards Deming.**

Las gráficas de control son una parte critica de los proyectos de six sigma. El Control es el objetivo de la última etapa de la metodología DMAIC. La "C" de DMAIC significa controlar.

¿Y qué es lo que controlamos y como lo controlamos?

Controlamos el comportamiento de la variación a través del tiempo mediante el uso eficiente de las cartas o gráficos de control. En pocas palabras, evitamos que se degrade la calidad.

En la actualidad muchas empresas manufactureras no están extrayendo la utilidad máxima de estas gráficas. Para saber utilizarlas correctamente es necesario entender los fundamentos estadísticos de los cuales ya hemos hablado en capítulos anteriores y principalmente en el capítulo 4 que habla de la distribución normal.

Las gráficas de control deberían de controlar los procesos, pero a veces pareciera que los procesos controlan las gráficas. Aquí tenemos una pregunta de que es primero. ¿Los procesos nos llevan a las gráficas (solo para registrar valores) o las gráficas nos llevan a los procesos (para ajustar condiciones)? Si solo se llena la gráfica por el hecho de llenarla y no hay un proceso de análisis para extraer conclusiones que deriven en acciones, entonces se ha perdido la utilidad de la gráfica. El objetivo de la gráfica es estar constantemente retroalimentando el proceso de manera que este permanezca en control estadístico. ¿Pero qué significa permanecer en control estadístico? Dicho de la manera más simple significa que los datos que esté arrojando el proceso sean normales. ¿Y qué significa que sean normales? Que los datos formen una distribución normal.

Para entender la naturaleza del control, hagamos una analogía de la vida diaria: Imaginemos los elementos que utilizan los sistemas de aire acondicionado para mantener la temperatura deseada en un espacio.

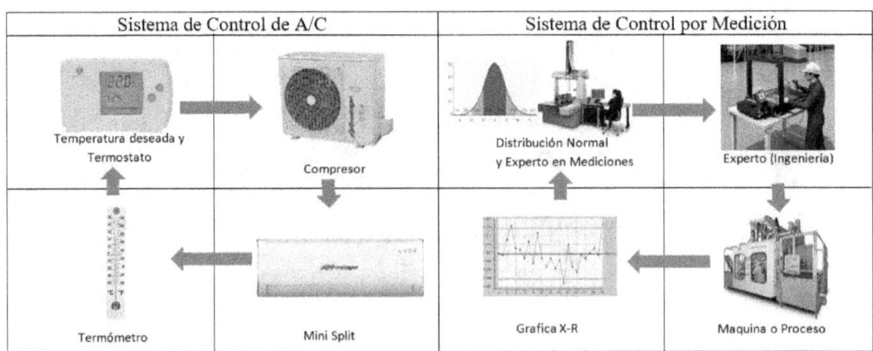

Para mantener controlada la temperatura de un espacio, ocupamos primero definir la temperatura deseada. Encendemos el mini split y el compresor comienza a trabajar hasta que se llegue a la temperatura deseada. El termómetro está monitoreando la temperatura y enviándola al termostato el cual realiza la comparación de la temperatura actual contra la deseada de modo que apaga o enciende el compresor según lo necesario. Todo este proceso es similar al que se utiliza para controlar los procesos mediante las gráficas de control. La gráfica se mantiene monitoreando la maquina o el proceso. El experto de mediciones lee la gráfica y compara el resultado contra la distribución normal. En caso de detectar algo anormal, informa al experto de ingeniería para que a su vez realice los ajustes necesarios en el proceso o máquina. En la tabla de abajo se describen los elementos involucrados en el control de ambos sistemas para mejor comprensión.

Elemento	Sistema de A/C	Sistema de Medición	Explicación Básica
Sensor	Termómetro	Grafica	Información del estado actual.
Set Point	Temperatura Deseada ±1 Grado	Promedio Deseado ±3σ	Información del estado ideal.
Comparador	Termostato	Experto en Mediciones	Detectar diferencias entre el estado actual y el ideal.
Actuador	Compresor	Experto en Ingeniería	Hacer que el estado actual sea el ideal.
Controlador	Mini Split	Maquina o Proceso	Mantenerse en el estado ideal.

Las gráficas de control más comunes son la X-R (para mediciones), y la gráfica P (para atributos).

En este capítulo nos enfocaremos en ambas gráficas. El propósito más fundamental de las gráficas X-R es controlar el promedio y la variabilidad de una medición. En las X-R, las "X" representa el promedio y la "R" el rango. El propósito de las P-Chart es controlar el porcentaje defectivo de un proceso. La letra P de la P-chart viene de la palabra proporción.

Graficas de Control mas comunes.	X-R chart (Mediciones)	P-chart (Atributos)
Donde se aplica?	Para controlar el promedio y la variabilidad de una medición.	Para controlar el % defectivo en un proceso.
También conocida como	Graficas de Control de Mediciones	Grafica de control para % defectivo
Basada en la suposición	Distribución Normal	Distribución Binomial
Típico tamaño de muestra	n= 4 o 5	Uso de n≥20
Formulas para los limites	$UCL(\bar{X}) = \bar{\bar{X}} + A_2\bar{R}$ $UCL(R) = D_4\bar{R}$ $CL(\bar{X}) = \bar{\bar{X}}$ $CL(R) = \bar{R}$ $LCL(\bar{X}) = \bar{\bar{X}} - A_2\bar{R}$ $LCL(R) = D_3\bar{R}$	$UCL = \bar{p} + 3\sqrt{\left(\dfrac{\bar{p}(1-\bar{p})}{n_i}\right)}$ $CL = \bar{p} = \dfrac{\sum p_i}{\sum n_i}$ $LCL = \bar{p} - 3\sqrt{\left(\dfrac{p(1-p)}{n_i}\right)}$
Variaciones de la Grafica	X-S chart cuando n>10	np-chart o 100P-chart para obtener un numero grande a graficar.

Una de las propiedades de la distribución normal que utilizamos en las gráficas de control es la que dice que el 99.73% de los datos están a $\pm 3\sigma$ del promedio. Entonces la variación que se encuentre dentro del 99.73% de la distribución normal es variación natural del proceso. Todo lo que esté más allá de este nivel de $\pm 3\sigma$ (set point), se considera variación anormal o variación por causas especiales, las cuales deberían de investigarse y eliminarse por el experto de ingeniería.

Nota histórica:

El Dr. Walter Shewhart propuso un grupo de procedimientos en los inicios de 1920 llamados Graficas de Control. De acuerdo a el, la variabilidad en los parámetros de un proceso (o características del Producto) puede provenir de 2 fuentes.	
Fuentes de Variación	1.- Causas Aleatorias (comunes). Variabilidad Normal en un proceso estable.
	2.- Causas Asignables (especiales). Eventos adversos repentinos que causan inestabilidad.
Las graficas de Control es el medio de diferenciar entre las 2 fuentes de variabilidad.	

El Dr. Shewhart fue el primero en definir el set point para los limites de control de las X-R. Concluyo que solo se deberían investigar aquellas causas especiales que pudieran ser encontradas sin que el costo superara el beneficio. El Criterio de +/- 3 Sigma provee esa frontera económica entre detectar causas que valen la pena y aquellas que no. Entre más cerrados los limites más costoso es el control porque se investigarán causas de variación que son técnicamente 99.73% normales.

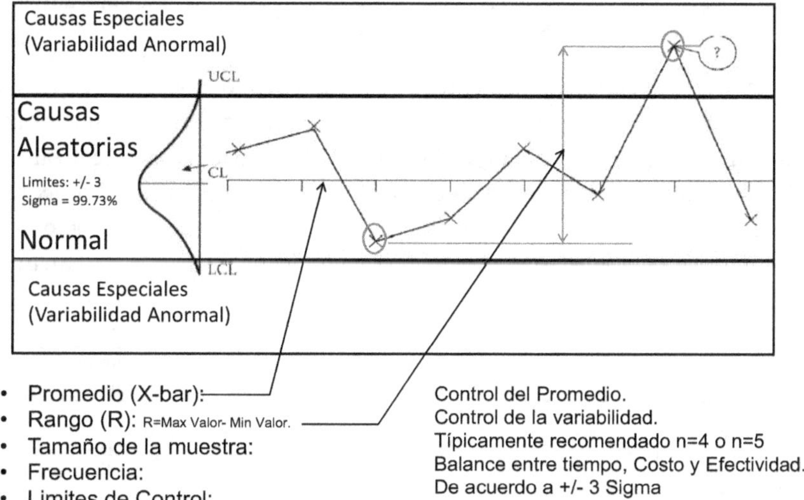

- Promedio (X-bar): — Control del Promedio.
- Rango (R): R=Max Valor- Min Valor. — Control de la variabilidad.
- Tamaño de la muestra: — Típicamente recomendado n=4 o n=5
- Frecuencia: — Balance entre tiempo, Costo y Efectividad.
- Limites de Control: — De acuerdo a +/- 3 Sigma

Sin embargo, el objetivo de las gráficas de control no es solo detectar causas especiales de variación sino detectar patrones o tendencias que comuniquen al ingeniero el estado del proceso y se puedan tomar medidas con anticipación. Es decir, el objetivo último de la gráfica es que sirva como un instrumento de predicción, de manera que se anticipen los problemas y se logre la estabilidad y consistencia en los procesos. A continuación, se enumeran algunos de los patrones o tendencias más comunes y las causas que podrían presentarse.

	Causas especiales de variación	Patrones o Tendencias.
Anormalidades	a). -Cambios en las 6M (Mano de obra, maquina, materiales, mediciones, método, medio ambiente) b). - Desgastes c). - Comportamiento solo al inicio o arranque, rotación de equipos de medición o rotación de mano de obra, uso alternado de máquinas, comportamiento cíclico en el ambiente. d). -Desajustes, descuidos, errores, fallas, daño de herramienta. e). - Equivocación en el cálculo de los límites de control, eliminación de datos.	a). -Desplazamiento en el nivel del proceso. b). -Tendencia en el nivel de proceso (incremento/disminución). c). - Ciclos recurrentes. d). - Mucha variabilidad e). - Falta de variabilidad.

Es muy importante no caer en la confusión de tratar las causas especiales de variación con las causas normales.

Tipo de causa	Acción	Posibles Errores
Especial. - Desgaste en la maquina causa una mella	Reemplazo de las piezas afectadas de la maquina	Error 2: Creer que el problema es del material y no reemplazar nada en la máquina.
Común. - Mella en el material por ser de baja calidad.	No se puede hacer nada en el proceso. Solo cambiar a el proveedor.	Error 1: Ajustar la maquina sin pensar que el problema está en el material.

Cuando ya hemos decidido implementar las X-R en nuestro proceso, necesitamos decidir qué tipo de X-R necesitamos. Hay principalmente 2 tipos donde el uso está en función de cómo tomamos las piezas del proceso para realizar las mediciones. El método más común es extraer 4 muestras continuas del proceso y realizar las mediciones. A esta carta le llamamos de promedios. El otro método es extraer 4 muestras espaciadas en el tamaño de un lote. A esta carta le llamamos de individuales.

X-R	Imagen de la toma de muestras (un lote)	Promedio y Desviación std.	Límites de control
Carta de Promedios	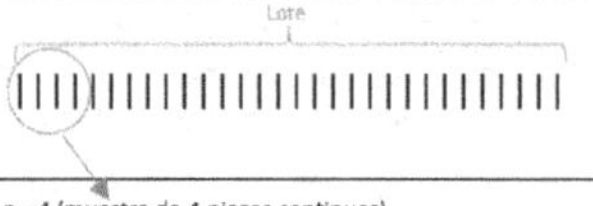 n$_1$=4 (muestra de 4 piezas continuas) $\bar{X}_1$ = Promedio de la muestra → $\bar{\bar{X}}$= Promedio de todas las muestras. R$_1$ = Rango de la muestra. → $\bar{R}$ = Promedio de todos los rangos.	$\mu_{\bar{x}} = \bar{\bar{X}}$ $\sigma_{\bar{x}} = \dfrac{\sigma}{\sqrt{n}}$	UCL=$\bar{\bar{X}} + A_2\bar{R}$ CL=$\bar{\bar{X}}$ UCL=$\bar{\bar{X}} - A_2\bar{R}$
Carta de Individuales	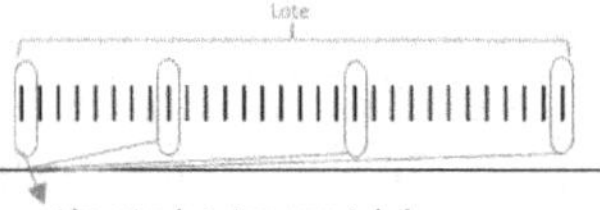 n$_1$=4 (muestra de 4 piezas espaciadas) x$_1$,x$_2$,x$_3$,x$_4$ = Datos de la muestra → $\bar{X}$= Promedio. R1 = Rango de la muestra. → $\bar{R}$ = Promedio de todos los rangos.	$\mu_x = \bar{X}$ $\sigma_x = \dfrac{\bar{R}}{d_2}$ Donde d$_2$=1.128	UCL=$\bar{X} + 3\left(\dfrac{\bar{R}}{d_2}\right)$ CL=$\bar{X}$ UCL=$\bar{X} - 3\left(\dfrac{\bar{R}}{d_2}\right)$

Cabe mencionar que la carta de individuales se aplica a proceso lentos, en los cuales para obtener una medición o una muestra de la producción se requieren periodos relativamente largos. Ejemplos de este tipo de procesos son:

- Procesos químicos que trabajan por lotes.
- Industria de bebidas alcohólicas, en las que deben pasar desde 1 hasta más de 100 horas para obtener los resultados de los procesos de fermentaciones y destilación.
- Procesos en los que las mediciones cercanas solo difieren por el error de medición. Por ejemplo, temperaturas en procesos, humedad relativa en el medio ambiente, etc.

- Algunas variables administrativas, cuyas mediciones se obtienen cada día, cada semana o más. Por ejemplo: mediciones de productividad, de desperdicio, de consumo de agua, electricidad, combustible, etc.

En estos casos la mejor alternativa es usar una carta de individuales, donde cada medición particular de la variable que se quiere analizar se registra en una carta.

Veamos paso a paso como calcular los límites de Control para carta de promedios.

1. Obtener una muestra de n=30 (de 5 piezas cada muestra en diferente intervalo)
2. Obtener el promedio de las 30 muestras y el rango promedio de la muestra.
3. Obtención de los limites 3 Sigma mediante los factores A2, D3 y D4

	Promedio (X-bar)	Variación (Rango)	Factores que reflejan 3 sigma
Limite de Control Superior (UCL)	$UCL(\overline{X}) = \overline{\overline{X}} + A_2\overline{R}$	$UCL(R) = D_4\overline{R}$	Seleccionar A2, D3 y D4 dependiendo del tamaño de la muestra.
Línea Central	$CL(\overline{X}) = \overline{\overline{X}}$	$CL(R) = \overline{R}$	
Limite de Control Inferior (LCL)	$LCL(\overline{X}) = \overline{\overline{X}} - A_2\overline{R}$	$LCL(R) = D_3\overline{R}$	

Estos factores se obtienen de tablas generales donde se especifica su valor dependiendo del tamaño de la muestra.

n	A	A_2	A_3	B_3	B_4	C_4	D_1	D_2	D_3	D_4	d_2	d_3
2	2.121	1.880	2.659	0	3.267	0.798	0	3.686	0	3.267	1.128	0.853
3	1.732	1.023	1.954	0	2.568	0.886	0	4.358	0	2.574	1.693	0.888
4	1.500	0.729	1.628	0	2.266	0.921	0	4.698	0	2.282	2.059	0.880
5	1.342	0.577	1.427	0	2.089	0.940	0	4.918	0	2.114	2.326	0.864
6	1.225	0.483	1.287	0.030	1.970	0.952	0	5.078	0	2.004	2.534	0.848
7	1.134	0.419	1.182	0.118	1.882	0.959	0.205	5.204	0.076	1.924	2.704	0.833
8	1.061	0.373	1.099	0.185	1.815	0.965	0.387	5.306	0.136	1.864	2.847	0.820
9	1.000	0.337	1.032	0.239	1.761	0.969	0.546	5.393	0.184	1.816	2.970	0.808
10	0.949	0.308	0.975	0.284	1.716	0.973	0.687	5.469	0.223	1.777	3.078	0.797

Para mejor comprensión de los pasos realicemos un ejemplo.

Mediciones del peso neto de un químico en una bolsa son usadas para controlar la operación de llenado en un proceso de empacado donde se llenan las bolsas con el químico en polvo. El promedio y la variabilidad del peso neto de todas las bolsas llenas debería de permanecer consistente. Las gráficas X-R son usadas para controlar el proceso.

24 muestras de 5 cada una fueron recolectadas en intervalos de aproximadamente una hora. Los valores X-bar y R fueron calculados para cada muestra y luego graficados.

	Sample																							
Piezas	1	2	3	4	5	6	7	8	9	10	11	12	13	14	15	16	17	18	19	20	21	22	23	24
1	22	20.5	20	21	22.5	23	19	21.5	21	21.5	20	19	19.5	20	22.5	21.5	19	21	20	22	19	21.5	22.5	22.5
2	22.5	22.5	20.5	22	19.5	23.5	20	20.5	22.5	23	19.5	21	20.5	21.5	19.5	20.5	21.5	20.5	23.5	20.5	20.5	25	22	22
3	22.5	22.5	23	22	22.5	21	22	19	20	22	21	21	21	24	21	22	23	19.5	24	21	21	21	23	22
4	24	23	22	23	22	22	20.5	19.5	22	23	20	21	20.5	23	21.5	21.5	21	22	20.5	22.5	20.5	18	22	19.5
5	23.5	21.5	21.5	22	21	20	22.5	19.5	22	18.5	20.5	20.5	21	20	21	23.5	23.5	21	21.5	20	22.5	21	23.5	20.5
Average	22.9	22	21.4	22	21.5	21.9	20.8	20	21.5	21.6	20.2	20.5	20.5	21.7	21.1	21.8	21.6	20.8	21.9	21.2	20.7	21.3	22.6	21.3
Rango	2	2.5	3	2	3	3.5	3.5	2.5	2.5	4.5	1.5	2	1.5	4	3	3	4.5	2.5	4	2.5	3.5	7	1.5	3
X-bar-bar	21.37	21.37	21.37	21.37	21.37	21.37	21.37	21.37	21.37	21.37	21.37	21.37	21.37	21.37	21.37	21.37	21.37	21.37	21.37	21.37	21.37	21.37	21.37	21.37
R-bar	3.021	3.021	3.021	3.021	3.021	3.021	3.021	3.021	3.021	3.021	3.021	3.021	3.021	3.021	3.021	3.021	3.021	3.021	3.021	3.021	3.021	3.021	3.021	3.021
UCL (X)	23.11	23.11	23.11	23.11	23.11	23.11	23.11	23.11	23.11	23.11	23.11	23.11	23.11	23.11	23.11	23.11	23.11	23.11	23.11	23.11	23.11	23.11	23.11	23.11
CL (X)	21.37	21.37	21.37	21.37	21.37	21.37	21.37	21.37	21.37	21.37	21.37	21.37	21.37	21.37	21.37	21.37	21.37	21.37	21.37	21.37	21.37	21.37	21.37	21.37
LCL (X)	19.62	19.62	19.62	19.62	19.62	19.62	19.62	19.62	19.62	19.62	19.62	19.62	19.62	19.62	19.62	19.62	19.62	19.62	19.62	19.62	19.62	19.62	19.62	19.62
UCL ®	6.386	6.386	6.386	6.386	6.386	6.386	6.386	6.386	6.386	6.386	6.386	6.386	6.386	6.386	6.386	6.386	6.386	6.386	6.386	6.386	6.386	6.386	6.386	6.386
CL ®	3.021	3.021	3.021	3.021	3.021	3.021	3.021	3.021	3.021	3.021	3.021	3.021	3.021	3.021	3.021	3.021	3.021	3.021	3.021	3.021	3.021	3.021	3.021	3.021
LCL ®	0	0	0	0	0	0	0	0	0	0	0	0	0	0	0	0	0	0	0	0	0	0	0	0

- 1er Paso: Calcular X-bar-bar y R-bar de los 24 datos disponibles.

  X-bar-bar = 21.37

  R-bar = 3.02

- 2do Paso: Buscar los valores de A2, D3 y D4 basados en el tamaño de la muestra n.

  Constants for n= 5: $A_2 = 0.577$, $D_3 = 0$, and $D_4 = 2.114$

- 3er Paso: Sustituir valores en las sig ecuaciones.

Control limits for X-bar chart: Control limits for R-chart:

$$UCL(\overline{X}) = \overline{\overline{X}} + A_2\overline{R}$$

$$CL(\overline{X}) = \overline{\overline{X}}$$

$$LCL(\overline{X}) = \overline{\overline{X}} - A_2\overline{R}$$

$$UCL(R) = D_4\overline{R}$$

$$CL(R) = \overline{R}$$

$$LCL(R) = D_3\overline{R}$$

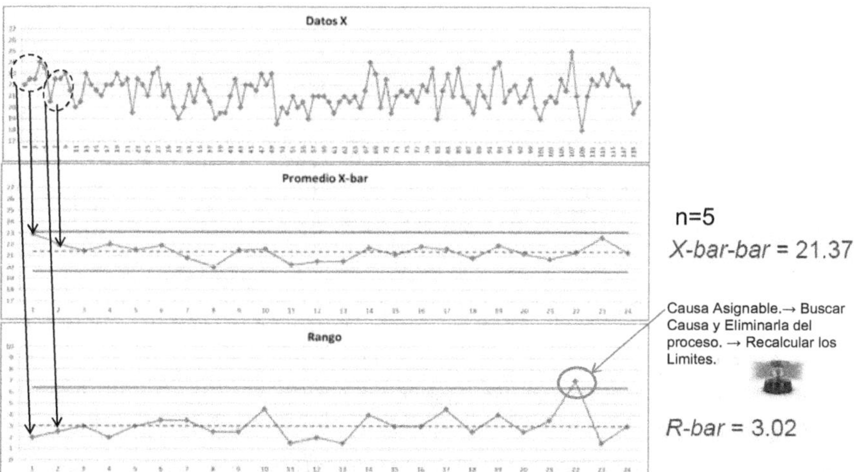

En la primera Gráfica podemos observar todos los datos obtenidos de todas las muestras.

En la 2da gráfica podemos observar solo el promedio de cada muestra (5 datos). En esta 3da gráfica ya podemos observar X-bar-bar=21.37 que básicamente es el promedio de todos los promedios de las muestras. En la tercera gráfica podemos ver los rangos de cada muestra de 5 piezas. También podemos visualizar R-bar=3.02 que es el promedio general de todos los promedios obtenidos en cada muestra. Como podemos observar en la gráfica de Rangos. Hay un punto que sale de control. Esto quiere decir que este dato fuera de control es debido a una causa asignable y debería de investigarse y eliminar la causa que produjo este dato fuera de control. Una vez encontrada y eliminada la causa asignable, se pueden obtener nuevos límites eliminando el dato fuera de control.

Recalculo de los Limites con "Datos Remanentes"

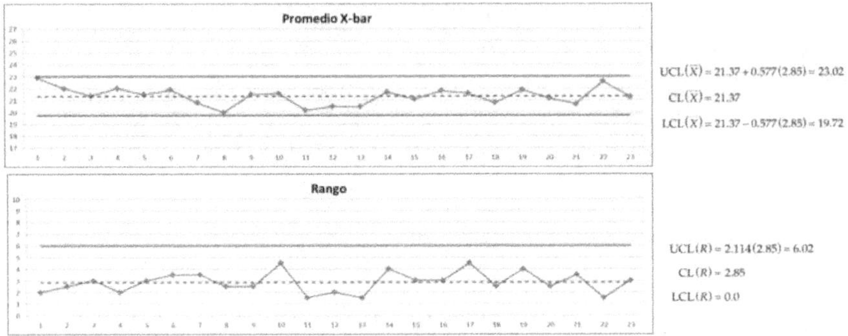

¿Qué posibilidad hay de que tengamos una falsa alarma de las gráficas X-R?

El Error tipo I es llamado falsa alarma. Cuando una gráfica de control declara que el proceso no está en control cuando en realidad está en control. Las gráficas X-R con límites de +/-3σ tienen una probabilidad de falsa alarma de 0.27% en cualquier muestra. Esto significa 3 casos posibles de 1000 oportunidades.

Hasta aquí hemos dicho que si en una carta de control se observa un punto fuera de sus limites o si los puntos en la carta siguen un patron no aleatorio, entonces el proceso sera inestable. Pero que tan inestable es? Aquí introduciremos un ultimo concepto para considerar las graficas fuera de control. Se llama el Indice de inestabilidad. Con el que se podran diferenciar los procesos que esporadicamente tengan puntos o señales especiales de variacion, de los que con mucha frecuencia funcionan en presencia de causas especiales de variacion. El indice de inestabilidad, St, se define como:

$$\mathbf{S_t} = \text{Índice de Inestabilidad.} = \frac{Numero\ de\ Puntos\ especiales}{Numero\ total\ de\ puntos} \times 100$$

Donde por el número total de puntos se entiende la cantidad de puntos que han sido graficados en una carta de control en cierto periodo de tiempo, y por número de puntos especiales, se designara a la cantidad de puntos que indicaron, en ese mismo periodo, una señal de que una causa especial ocurrió en el proceso. Por tanto, los puntos especiales serán los puntos fuera de los limites más los que indicaron patrones especiales no aleatorios.

Respecto al periodo en el que se contabilizan los puntos para calcular el índice de inestabilidad, este dependerá de la frecuencia con la que se grafican puntos, pero debe ser amplio, de forma que en la carta se hayan graficado varios cientos de puntos. (Por lo menos 150 a 200 puntos).

Para interpretar el índice de inestabilidad S_t, se parte de que su valor ideal es cero, que ocurre cuando no hubo puntos especiales. Si todos los puntos graficados fueran especiales, entonces el valor del índice S_t seria 100. Por lo tanto, entre menor sea el valor es mejor. Aunque no hay acuerdos de que tan pequeño debe ser el índice S_t, para considerar que un proceso tiene buena estabilidad, un valor entre 0 y 2% se puede decir que es un proceso con estabilidad buena. De 2 a 5%, regular; y en la medida que S_t supere estos porcentajes se considera que tan mala es su estabilidad.

Carta P (Proporción de defectos)

La p-chart es también conocida como "fracción de defectos" o gráfica de fracción de no-conformes. La P-chart es típicamente usada para una producción larga y continua que tiene algunas partes no conformes y donde la proporción del defectivo se debe monitorear y reducir al mínimo aun a niveles de cero defectos. La P-chart usualmente requiere una muestra grande (n>20). El método consiste en tomar una muestra de tamaño n a un intervalo regular de tiempo (cada 50 piezas, cada 100 piezas, o en una hora, un turno, un día, etc.) inspeccionar la muestra, y contar el número de defectos D en la muestra. Entonces, la proporción de defectos en la i-esima muestra se calcula como: $P_i=D_i/n$ y se grafica en la P-chart.

Para determinar los límites de control de la P-chart, primero tenemos que determinar el valor esperado y la desviación estándar del estadístico P que está siendo graficado.

P=D/n, donde D es el número de defectos en la muestra de tamaño n extraída de la población con una fracción p defectiva. D es una variable binomial; que es, $D \sim Bi(n, p)$ y E(D)=np y V (D)=np (1-p). Por lo tanto.

La esperanza de P:

$$E(P) = E \left[\frac{D}{n}\right] = \frac{1}{n}E(D) = \frac{1}{n}np = p$$

La varianza de P:

$$V(P) = V \left[\frac{D}{n}\right] = \frac{1}{n^2}V(D) = \frac{1}{n^2}np\,(1-p) = \frac{p\,(1-p)}{n}$$

De manera que la desviación estándar de P:

$$(P) = \sqrt{\frac{p\,(1-p)}{n}}$$

Para limites 3-sigma en la p-chart tenemos:

$$UCL\,(P) = p + 3\,\frac{\sqrt{p(1-p)}}{n}$$

$$CL\,(P) = p$$

$$LCL\,(P) = p - 3\,\frac{\sqrt{p(1-p)}}{n}$$

Debido a que los valores de p, la proporción defectiva en la población, generalmente no se conoce, la estimamos usando el promedio $\bar{p}$ de los valores observados de P en la i muestras. Por lo tanto, los limites son:

$$UCL\,(P) = \bar{p} + 3\,\frac{\sqrt{\bar{p}(1-\bar{p})}}{n}$$

$$CL\,(P) = \bar{p}$$

$$LCL\,(P) = \bar{p} - 3\,\frac{\sqrt{\bar{p}(1-\bar{p})}}{n}$$

Donde $\bar{p}$ es la proporción promedio de defectos en n muestras. Así, n muestras del proceso son necesarias para empezar a controlar un proceso con una P-chart.

p es la proporción desconocida de defectos en la población que está siendo controlada.

P es el estadístico que representa la proporción de defectos en la muestra y que es usada para estimar p.

pᵢ es la proporción de defectos o el valor del estadístico P en la i-esima muestra. $\overline{p} = \sum_{i=1}^{k} p_i/k$ es el promedio de los valores p_i donde k es el numero de muestras tomadas.

En resumen:

- Las gráficas de control son las herramientas por excelencia para monitorear y controlar los procesos. Bien ejecutada la aplicación de las gráficas a los procesos pueden considerase herramientas robustas para mantener los niveles de calidad deseados.
- A las gráficas de control podríamos considerarlas como sensores de variación que pueden diferenciar entre variaciones naturales del proceso y variaciones especiales que requieren atención inmediata.
- Es de suma importancia entender que las gráficas deben de llevar a los procesos para controlarlos y no viceversa.
- Las gráficas de control además de ser como sensores de variación son sistemas de predicción que pueden anticipar el comportamiento de un proceso.
- Los beneficios de las gráficas de control son:
    - Evitar la producción de piezas sospechosas o defectivas (Predicción al detectar tendencias).
    - Reducción del desperdicio e incremento de Producción.
    - Mejor conocimiento del proceso (patrones de comportamiento) y sus capacidades (variación).
    - Controlar el Proceso a un target determinado (en la media, abajo o arriba de la media)
    - Solucionar problemas.

Capítulo 10

DOE: Diseño de Experimentos

(Maximiza la respuesta: Ajusta a un nivel óptimo las variables que afectan la calidad.)

"Si usted no puede describir lo que está haciendo como un proceso, usted no sabe lo que está haciendo."
-W. Edwards Deming.

En muchos proyectos de six sigma, cuando tratamos en encontrar la causa o causas de un problema, es necesario hacer pruebas involucrando varias variables en diferente nivel y ver cómo responden en la respuesta de salida o característica de calidad que deseamos manipular. Para realizar este análisis y que el resultado sea útil debemos diseñar el experimento cuidadosamente y saber interpretar los resultados una vez hechas las pruebas, de manera que lleguemos a la conclusión sobre como contribuye cada variable ya sea de forma independiente o de forma combinada. El diseño de experimentos más común es el de 2 variables en 2 niveles, pero sepa el lector que un diseño de experimentos puede incluir n variables y n niveles, solo que entre más variables y niveles se consideren, el análisis se hace mucho más complejo. Dado que el objetivo del capítulo es solo introducir al lector en el aspecto más práctico del diseño de experimentos, veamos el procedimiento para 2 y 3 variables en 2 niveles.   Estos diseños son muy útiles en la selección de producto y parámetros del proceso y son considerados como el caballo de batalla en la experimentación industrial.

El proceso de un diseño de experimentos considera 3 etapas que son:

1. El **diseño**, plan o planteamiento de lo que se quiere lograr.
2. La realización de los experimentos para obtener **resultados.**
3. La **interpretación** de los resultados para determinar que experimento obtuvo los resultados que más se aproximan a lo que queremos lograr.

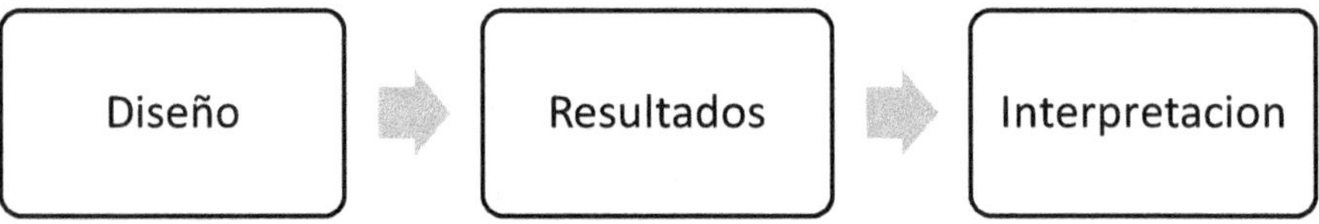

Un experimento se diseña para estudiar el efecto de algunas variables de entrada llamadas factores en una respuesta, la cual puede ser el desempeño de un producto (característica de calidad) o la salida de un proceso (sabor en la preparación de un pastel, café, etc.). Los factores pueden se ajustados en diferentes niveles de manera que el desempeño del producto o la salida del proceso varíen dependiendo de los niveles en los cuales los diferentes factores son definidos. El objetivo fundamental es encontrar como los diferentes factores, de forma individual y conjunta, afectan la respuesta.

Por ejemplo, regresando a nuestro ejemplo del capítulo 1. ¿Qué factores podría modificar el sabor de un café? Podríamos pensar que tiene que ver el tipo de grano, el método de filtrado del café, la relación de cantidad entre agua y café, el nivel de saborizantes, etc.

Veamos los elementos del DOE (aplicado en la preparación de café):

Respuesta. – Característica de calidad que deseamos manipular. → Sabor del Café (Escala 1 al 10) n=10 personas tomadas al azar

Factores y Niveles. - El diseño de experimentos considera escoger los factores relevantes y los niveles apropiados para realizar las pruebas.

Factores	Niveles	
	Bajo	Alto
A: Relación Agua/Café	10 grs	12 grs
B: Nivel de Saborizante	2 ml	3 ml

Combinaciones. - Las combinaciones o tratamientos se determinan seleccionando el nivel de cada factor, que serán usados en las pruebas. Las combinaciones ya están estandarizadas con la siguiente nomenclatura.

Combinaciones

(1) = Tratamiento en el cual ambos factores están en nivel bajo.
a = Tratamiento cuando el factor A esta en nivel alto y el factor B en nivel bajo.
b = Tratamiento cuando el factor B esta en nivel alto y el factor B en nivel bajo.
ab = Tratamiento combinado. Cuando ambos factores están en nivel alto.

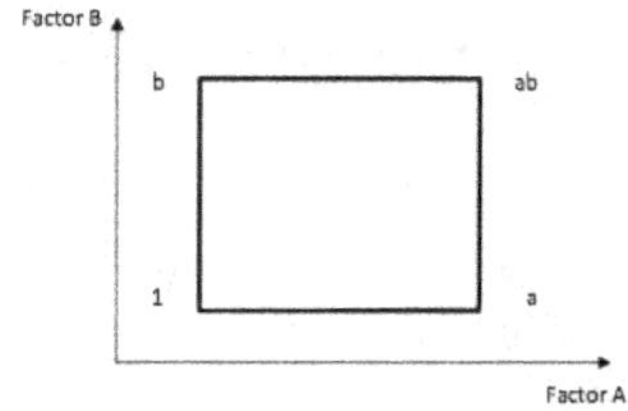

Repeticiones. - El diseño recomienda correr 2 veces cada combinación para obtener 2 resultados y después promediarlos. El promedio será usado como la respuesta de cada combinación. El número de repeticiones necesarias está determinado por la variabilidad esperada de las pruebas individuales, así como de los costos asociados a las pruebas y el tiempo disponible para ello. Al menos 2 repeticiones son necesarias para obtener variabilidad en la respuesta debido al ruido.

Ruido del Experimento. - El "ruido" se refiere a las condiciones ambientales que no son deliberadamente cambiadas como parte del experimento, pero cambios en ellas podrían influenciar los resultados del experimento. Por ejemplo, en el caso del café, el ruido podría deberse a la persona que prepara el café, que tan nuevo es el grano del café, condiciones de la cafetera, condiciones de filtrado, etc. Esto causara variabilidad en los resultados fuera de los efectos producidos debido a los niveles de los factores siendo investigados. Las repeticiones nos permiten evaluar esta variabilidad y los promedios de las repeticiones cuando se usen como respuesta de las combinaciones de tratamiento contendrán menos variabilidad debido a tal ruido, comparado contra las lecturas de las pruebas individuales.

Secuencia de Pruebas. - El diseño debe especificar la secuencia en la cual las pruebas deberán de realizarse la cual debe ser de forma aleatoria.

Aleatorización. - Así como el ruido o factores externos pueden causar variabilidad en las repeticiones que se corren con la misma combinación de tratamiento, los factores de ruido pueden también afectar los resultados entre 2 combinaciones de tratamiento, ya sea mediante ocultar o agregar a los efectos del factor. Para remover -o al menos minimizar- este efecto de ruido, las pruebas se realizan de forma aleatoria. En otras palabras, las pruebas no se corren en el orden indicado en el diseño (1-a-b-ab); es recomendable hacerlas de forma aleatoria (ejemplo: ab-1-b-a). La aleatorización previene que los factores de ruido afecten sistemáticamente las pruebas y minimiza la influencia de los factores de ruido en los resultados de las pruebas.

Resultados Experimentales. - Los resultados son presentados en la gráfica de abajo, los resultados se colocan en cada esquina del cuadro que representa cada una de las 4 combinaciones. Es fácil observar que la combinación ab produce el mejor resultado, obteniendo un 10 en el sabor. Viendo la diferencia entre las 2 repeticiones de cada combinación de tratamiento se puede observar que no existe mucha variabilidad entre las repeticiones, indicando que el error experimental, o la variabilidad no explicada, casi no existe. Esto significa que no hay mucho ruido, por lo tanto, la señal es clara y fácil de ver la mejor combinación de tratamiento.

Combinación	Columna de Diseño		Columna de Calculo	Respuesta (Sabor 1 al 10)		
	Factor A	Factor B	Interacción AB	Replica 1	Replica 2	Promedio
1	-	-	+	6	8	7
a	+	-	-	5	7	6
b	-	+	-	8	10	9
ab	+	+	+	10	10	10

Interpretación de Resultados. – El objetivo de la interpretación de resultados es extraer conclusiones. El contraste se obtiene realizando la suma algebraica de todas las respuestas en cada combinación según el orden de los signos. (Por ejemplo: para el contraste del Factor A: -7+6-9+10=0. El factor B: -7-6+9+10=6.) El efecto se obtiene dividiendo el contraste entre 2. Este efecto es básicamente la contribución del cada factor al llevarlo de un nivel bajo a uno alto. De igual forma el efecto de interacción resulta de llevar la interacción en un nivel bajo (ambos factores en nivel najo) a un nivel alto (ambos factores en nivel alto).

$$A = \frac{-(1) + a - b + ab}{2}$$

$$AB = \frac{(1) - a - b + ab}{2}$$

$$B = \frac{-(1) - a + b + ab}{2}$$

Grafica de Interacción. - Para construir la gráfica de interacción, en el eje X colocamos los valores resultantes del Factor A en nivel bajo y alto. Posteriormente unimos los pares de números que correspondan a B en nivel bajo y en nivel alto. Si las líneas no se cruzan significa que no hay interacción importante entre ambos factores y quizás convenga más cambiar por separado los factores A o B de un nivel bajo o alto. Si por el contrario las líneas se cruzan significa que hay fuerte efecto cuando interactúan el factor A y B.

Combinacion	Factor		Interaccion	Respuesta	
	A	B			
	Relacion Agua/Café	Cantidad de Saborizante.	AB	n1	Efecto
1	-	-	+	7	Ambos -
a	+	-	-	6	Alto A
b	-	+	-	9	Alto B
ab	+	+	+	10	Ambos +
Contraste	0	6	2		
Efecto	0	3	1		

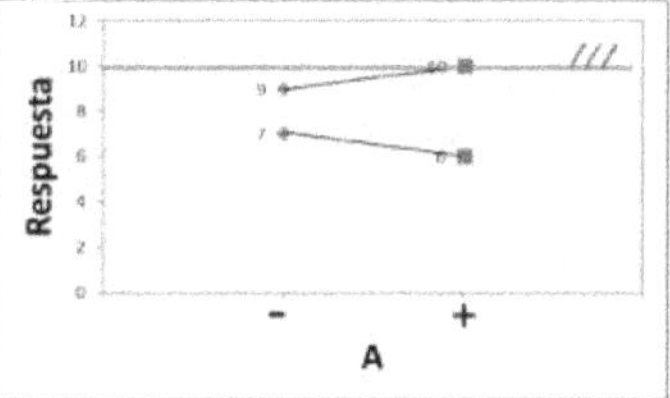

La conclusión es que al cambiar el factor A y B de nivel Bajo a Alto se obtiene la mejor respuesta en el sabor del café (ab). La mejor combinación es la ab. También podemos concluir que como las líneas no se cruzan significa que no hay interacción fuerte entre los 2 factores.

Si por ejemplo hubiésemos tenido los siguientes resultados en nuestras pruebas entonces las conclusiones serian diferentes. En este caso si hay una fuerte interacción entre los factores Ay B.

Combinacion	Factor		Interaccion	Respuesta	
	A	B			
	Relacion Agua/ Café	Cantidad de Saborizante.	AB	n1	Efecto
1	-	-	+	10	Ambos -
a	+	-	-	5	Alto A
b	-	+	-	4	Alto B
ab	+	+	+	10	Ambos +
Contraste	1	-1	11		
Efecto	0.5	-0.5	5.5		

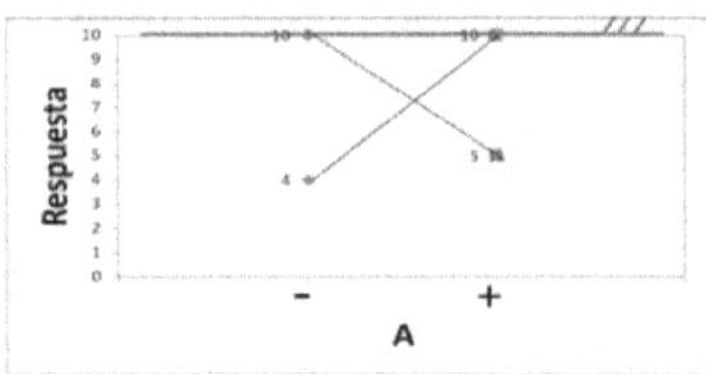

¿Y qué pasa si queremos evaluar la interacción de 3 variables? En este caso tenemos el diseño 2^3

El diseño 2^3.

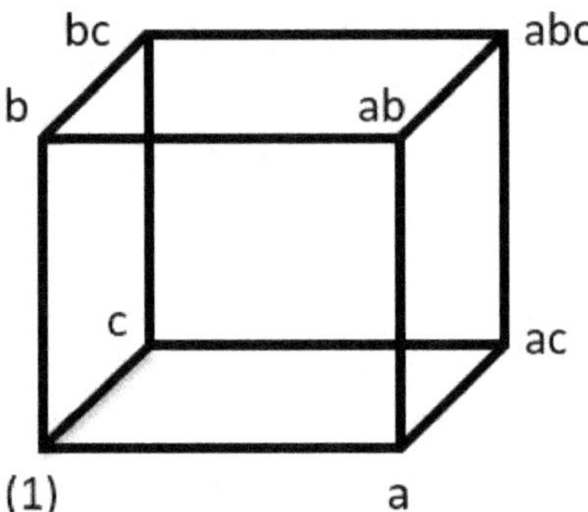

El diseño 2^3 se usa cuando hay 3 factores afectando la respuesta y cada factor es evaluado en 2 niveles.

El orden estándar para el diseño 2^3 es creado como una extensión del orden estándar del diseño 2^2

El orden estándar para el diseño 2^2:

(1)   a   b   ab

El orden estándar para el diseño 2^3:

(1)   a   b   ab   c   ac   bc   abc

El orden para el diseño 2^3 es el mismo que el diseño 2^2 pero multiplicado por el código del 3er factor (c).

Esta regla se aplica de forma general para cualquier número de factores. Como obtendríamos el orden estándar para el diseño 2^4 ?

Para obtener el orden del diseño 2^4, el diseño 2^3 es multiplicado por el código del cuarto factor (d) y el resultado es adjuntado al orden del diseño 2^3

| (1) | a | b | ab | c | ac | bc | abc |
| d | ad | bd | abd | cd | acd | bcd | abcd |

Una vez que el orden estándar para el diseño 2^3 es determinado, el diseño se obtiene colocando los signos (-) y (+) alternadamente en la columna del factor A, colocando los signos (-,-) y (+,+) alternadamente en la columna del factor B y colocando los signos (-,-,-,-) y (+,+,+,+) en la columna del factor C. Esto completa el diseño del experimento. Los signos para las interacciones se obtienen como el producto de las correspondientes columnas de los factores. Veamos que, para nuestro ejemplo del café, hemos agregado una variable más la cual se definió como el tipo de grano del café.

Combinacion	Factor			Interaccion				Respuesta	
	A	B	C						
	Relacion Agua/ Café	Cantidad de Saborizante.	Tipo de grano del cafe	AB	AC	BC	ABC	n1	Efecto
1	-	-	-	+	+	+	-	7	Todos -
a	+	-	-	-	-	+	+	6	Solo A+
b	-	+	-	-	+	-	+	9	Solo B+
ab	+	+	-	+	-	-	-	10	Solo C-
c	-	-	+	+	-	-	+	8	Solo C+
ac	+	-	+	-	+	-	-	9	Solo B-
bc	-	+	+	-	-	+	-	5	Solo A-
abc	+	+	+	+	+	+	+	10	Todos +
Contraste	6	4	0	6	6	-8	2		
Efecto	1.5	1	0	1.5	1.5	-2	0.5		

Como los resultados muestran el mayor efecto se encuentra en el Factor A, así como en las interacciones de AB y AC ya que en estos 3 casos se obtuvo un contraste de 1.5.

Los resultados sin embargo no aparecen tan claros en muchos experimentos. Hay casos en que podría haber mucha diferencia en los resultados de las repeticiones en la misma combinación de tratamiento y también los resultados de varias combinaciones de tratamiento podrían no ser muy diferentes de manera que no tendrías "la mejor opción". Los resultados de las pruebas en las combinaciones de tratamiento podrían hasta traslaparse. Cuando las diferencias entre los resultados de las combinaciones de tratamiento no son muy diferentes, mostrando obvias diferencias debido a los factores, entonces es necesario saber si las diferencias en los resultados son, de hecho, diferencias verdaderas debido a los factores o solo variabilidad experimental. En tal caso, tendríamos que calcular el efecto de los factores individuales y el efecto de la interacción entre los factores y usar una técnica estadística para determinar si esos efectos son significativos.

A esta técnica estadística para determinar si los efectos son significativos se le conoce como Análisis de varianzas o ANOVA la cual veremos en el siguiente capítulo.

En resumen:

- Cuando investigamos algún defecto, alguna característica de calidad, o salida de un proceso, la forma tradicional de abordarla es seleccionando alguna variable después de haber construido un diagrama de pescado. Realizamos pruebas manipulando esa variable y observamos la respuesta en la característica. Sin embargo, existe una manera de combinar 2 o más variables, manipularlas en conjunto o por separado y ver la respuesta en la característica de calidad.
- El Diseño de experimentos es esta herramienta que nos permite evaluar de forma combinada como afecta la manipulación de 2 o más variables tratadas de forma independiente y combinada la respuesta de una característica o salida de un proceso.
- Al realizar un diseño de experimentos 2 Factores/2 Niveles tenemos 3 posibles resultados (3 efectos). El primero es que el Factor A ofrezca mejor respuesta. El Segundo es que el Factor B ofrezca mejor respuesta y el tercer resultado es que la combinación de Factor A y B ofrezcan la mejor respuesta al cambiar el nivel de bajo a alto.

Capítulo 11

ANOVA: Análisis de Varianzas

(Los efectos de tus experimentos son significativos y no producto de la aleatoriedad.)

"Estamos aquí para crear otro mundo."
-W. Edwards Deming.

Siguiendo con el ejemplo del capítulo anterior, el siguiente paso en el diseño de experimentos es determinar si los efectos son significativos. El método de análisis de varianza (ANOVA) es normalmente utilizado para responder esta pregunta. El procedimiento ANOVA es usado para decidir si una diferencia significativa existe entre las medias de las poblaciones de los resultados generados por las diferentes combinaciones de tratamiento en un experimento.

El método ANOVA es explicado aquí con referencia al experimento factorial de 2 factores, A y B, con número "a" de niveles en el factor A, y con número "b" de niveles en el factor B. Existen "n" repeticiones en la prueba, por lo tanto, hay "n" observaciones en cada combinación de tratamiento. Los datos de las pruebas del experimento se muestran en la tabla de abajo. Este diseño incluye un número igual de observaciones en las celdas. Tal diseño con número igual de observaciones en cada celda es llamado diseño balanceado.

		Factor B		
		Bajo Nivel	Alto Nivel	Promedio
		2 ml	3 ml	
Factor A	Bajo Nivel 10 grs	6 8 7	8 10 9	8
	Alto Nivel 12 grs	5 7 6	10 10 10	8
	Promedio	6.5	9.5	8

En la tabla tenemos 4 tipos de promedios

1. Los promedios de las celdas (7,9,6,10). Variación entre Repeticiones.
2. Los promedios de filas del Factor A. (8,8). A constante y B cambiando.
3. Los promedios de columnas del Factor B (6.5,9.5). B Constante y A cambiando.
4. El promedio general (8). Promedios de las filas y columnas.

Una observación en cualquier celda de la tabla de arriba puede ser considerada como generada por el siguiente modelo:

$$y_{ijk} = \mu + \alpha_i + \beta_j + (\alpha\beta)_{ij} + \varepsilon_{ijk}$$

Donde μ es el promedio general, α_i es el efecto causado por el nivel i del factor A, β_j es el efecto causado por el nivel j del factor B, $(\alpha\beta)_{ij}$ es el efecto causado por la interacción entre los factores A y B, y ε_{ijk} es el error aleatorio asumido que viene de una distribución normal con parámetros $N(0,\sigma^2)$, independientemente en cada celda.

En el modelo de arriba podemos substituir el promedio general y los efectos de los factores con sus estimadores de la siguiente manera:

$$\hat{\mu} = \bar{y}_{...}$$

$$\hat{\alpha}_i = \left(\bar{y}_{i..} - \bar{y}_{...}\right)$$

$$\hat{\beta}_j = \left(\bar{y}_{.j.} - \bar{y}_{...}\right)$$

El estimador para los efectos de la interacción es el recordatorio en la celda promedio después de contabilizar del promedio general y el efecto de los factores:

$$\left(\alpha\hat{\beta}\right)_{ij} = \left\{\bar{y}_{ij.} - \left(\bar{y}_{i..} - \bar{y}_{...}\right) - \left(\bar{y}_{.j.} - \bar{y}_{...}\right) - \bar{y}_{...}\right\} = \left(\bar{y}_{ij.} - \bar{y}_{i..} - \bar{y}_{.j.} + \bar{y}_{...}\right)$$

El estimador para el error es la diferencia entre los valores individuales y el promedio de la celda:

$$\hat{\varepsilon}_{ijk} = \left(y_{ijk} - \bar{y}_{ij.}\right)$$

Por lo tanto, la observación en la celda puede ser representada como siendo compuesto de la siguiente forma:

$$y_{ijk} = \bar{y}_{...} + \left(\bar{y}_{i..} - \bar{y}_{...}\right) + \left(\bar{y}_{.j.} - \bar{y}_{...}\right) + \left(\bar{y}_{ij.} - \bar{y}_{i..} - \bar{y}_{.j.} + \bar{y}_{...}\right) + \left(\bar{y}_{ijk} - \bar{y}_{ij.}\right)$$

Por lo tanto:

$$\left(y_{ijk} - \bar{y}_{...}\right) = \left(\bar{y}_{i..} - \bar{y}_{...}\right) + \left(\bar{y}_{.j.} - \bar{y}_{...}\right) + \left(\bar{y}_{ij.} - \bar{y}_{i..} - \bar{y}_{.j.} + \bar{y}_{...}\right) + \left(\bar{y}_{ijk} - \bar{y}_{ij.}\right)$$

Elevando al cuadrado ambos lados y sumando todas las observaciones en las celdas, puede mostrarse la suma de cuadrados (SS) de la siguiente manera:

$$\sum_{i=1}^{a}\sum_{j=1}^{b}\sum_{k=1}^{n}\left(y_{ijk}-\bar{y}_{...}\right)^2 = \sum_{i=1}^{a}\sum_{j=1}^{b}\sum_{k=1}^{n}\left(\bar{y}_{i..}-\bar{y}_{...}\right)^2 + \sum_{i=1}^{a}\sum_{j=1}^{b}\sum_{k=1}^{n}\left(\bar{y}_{.j.}-\bar{y}_{...}\right)^2$$

$$+ \sum_{i=1}^{a}\sum_{j=1}^{b}\sum_{k=1}^{n}\left(\bar{y}_{ij.}-\bar{y}_{i..}-\bar{y}_{.j.}+\bar{y}_{...}\right)^2$$

$$+ \sum_{i=1}^{a}\sum_{j=1}^{b}\sum_{k=1}^{n}\left(y_{ijk}-\bar{y}_{ij.}\right)^2$$

Por lo tanto,

$$\sum_{i=1}^{a}\sum_{j=1}^{b}\sum_{k=1}^{n}\left(y_{ijk}-\bar{y}_{...}\right)^2 = nb\sum_{i=1}^{a}\left(\bar{y}_{i..}-\bar{y}_{...}\right)^2 + na\sum_{j=1}^{b}\left(\bar{y}_{.j.}-\bar{y}_{...}\right)^2$$

$$+ n\sum_{i=1}^{a}\sum_{j=1}^{b}\left(\bar{y}_{ij.}-\bar{y}_{i..}-\bar{y}_{.j.}+\bar{y}_{...}\right)^2$$

$$+ \sum_{i=1}^{a}\sum_{j=1}^{b}\sum_{k=1}^{n}\left(y_{ijk}-\bar{y}_{ij.}\right)^2$$

Podemos escribir: Variación Total=Variación A Variación Variación AB+Error.

SS(Total) = SS (Factor A) +SS (Factor B) + SS (Interacción AB) + SS (Error)

Usando abreviaciones la ecuación puede ser re-escrita como:

$SS_T = SS_A + SS_B + SS_{AB} + SS_E$

Cada una de la suma de cuadrados en la ecuación de arriba se ha asociado con cierto número de grados de libertad (df=Degrees of Freedom=observaciones) igual al número de términos al cuadrado independientes que son sumados para producir la suma de cuadrados.

La suma de los cuadrados y los grados de libertad asociados son listados en la tabla de abajo, la cual es llamada Tabla ANOVA.

Tabla ANOVA

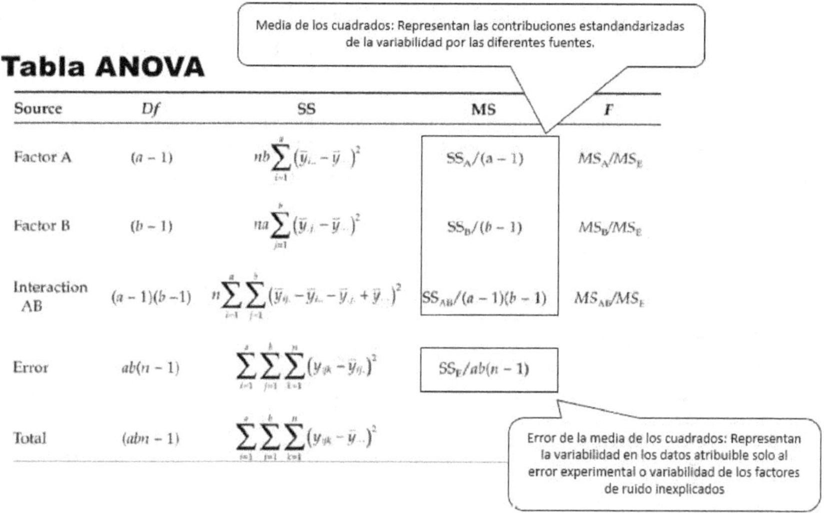

Source	Df	SS	MS	F
Factor A	$(a-1)$	$nb\sum_{i=1}^{a}(\bar{y}_{i..}-\bar{y}_{...})^2$	$SS_A/(a-1)$	MS_A/MS_E
Factor B	$(b-1)$	$na\sum_{j=1}^{b}(\bar{y}_{.j.}-\bar{y}_{...})^2$	$SS_B/(b-1)$	MS_B/MS_E
Interaction AB	$(a-1)(b-1)$	$n\sum_{i=1}^{a}\sum_{j=1}^{b}(\bar{y}_{ij.}-\bar{y}_{i..}-\bar{y}_{.j.}+\bar{y}_{...})^2$	$SS_{AB}/(a-1)(b-1)$	MS_{AB}/MS_E
Error	$ab(n-1)$	$\sum_{i=1}^{a}\sum_{j=1}^{b}\sum_{k=1}^{n}(y_{ijk}-\bar{y}_{ij.})^2$	$SS_E/ab(n-1)$	
Total	$(abn-1)$	$\sum_{i=1}^{a}\sum_{j=1}^{b}\sum_{k=1}^{n}(y_{ijk}-\bar{y}_{...})^2$		

La columna del promedio de los cuadrados (MS) en la tabla ANOVA da la suma de los cuadrados dividido por los correspondientes grados de libertad (observaciones). La tabla ANOVA en efecto muestra la variabilidad total en los datos dividida en contribuciones de las diferentes fuentes. **El promedio de los cuadrados (MS) representa las contribuciones estandarizadas de variabilidad por las diferentes fuentes, estandarizadas por el número de observaciones dentro de cada fuente.**

El error cuadrado promedio (MSE) representa la variabilidad en los datos atribuible solo al error experimental, o variabilidad de factores de ruido inexplicados.

Criterio: Si la variabilidad de un factor es mucho más grande que la variabilidad del error experimental podemos concluir que el factor es significativo.

Esto puede ser probado asumiendo que la población de observaciones generadas por las combinaciones de tratamiento están todas normalmente distribuidas, que la relación MS (fuente) / MSE tiene la distribución $F_{v1,v2}$, donde V1 y V2 son los grados de libertad para el numerador y el denominador, respectivamente, de la distribución F. **Si el valor calculado del estadístico F para una fuente es más grande que el valor critico $F_{\alpha,v1,v2}$ entonces esa fuente es significativa; de otra manera, esa fuente no es significativa.** Los valores críticos de la distribución F para α=0.01 y 0.05 están disponibles en las tablas de Distribución F. Este es el principio básico del método ANOVA para determinar la significancia de una fuente.

Regresando al ejemplo del capítulo anterior del sabor del café usaremos el método ANOVA para para determinar si la variación de los factores es significativa.

Resultado del Diseño de experimentos:

Combinacion	Factor		Interaccion	Respuesta	
	A	B			
	Relacion Agua/Café	Cantidad de Saborizante.	AB	n1	Efecto
1	-	-	+	7	Ambos -
a	+	-	-	6	Alto A
b	-	+	-	9	Alto B
ab	+	+	+	10	Ambos +
Contraste	0	6	2		
Efecto	0	3	1		

Obtención de los promedios de cada celda:

Factor A			Factor B				Promedio
			Bajo		Alto		
			2		3		
	Bajo	10	6	8	8	10	
			7		9		8
	Alto	12	5	7	10	10	
			6		10		8
	Promedio		6.5		9.5		8

Obtención de la Suma de cuadrados de cada factor, de la interacción y error:

Niveles de A	a	2
Niveles de B	b	2
Repeticiones	n	2
SST		26
SSA		0
SSB		18
SSAB		2
SSE		6

Degrees of Freedom (Observaciones)
A   (a-1)=2-1 =1
B   (b-1) =2-1 =1
AB   (a-1) (b-1) = 1
Error   ab (n-1)=4(1)=4
Total   (abn-1) = 8-1 =7

Resultado de la Tabla ANOVA

Resultado de la Tabla ANOVA

Fuente	df	SS	MS=ss/df	F=MS/MSE	Significativo? Es mayor a 7.71?
Factor A	1	0	0	0.00	No
Factor B	1	18	18	12.00	Sí
Interaccion AB	1	2	2	1.33	No
Error	4	6	1.5		
Total		26			

v1 = 1
v2 = 4

v2\v1	1	2	3	4	5	6	7	8	9	10
1	1.61	2.00	2.16	2.25	2.30	2.34	2.37	2.39	2.41	2.42
2	18.51	19.0	19.16	19.25	19.30	19.33	19.35	19.37	19.38	19.40
3	10.13	5.55	9.28	9.12	9.01	8.94	8.89	8.85	8.81	8.79
4	7.71	6.94	6.59	6.39	6.26	6.16	6.09	6.04	6.00	5.96
5	6.61	5.79	5.41	5.19	5.05	4.95	4.88	4.82	4.77	4.74
6	5.99	5.14	4.76	4.53	4.39	4.28	4.21	4.15	4.10	4.06
7	5.59	4.74	4.35	4.12	3.97	3.87	3.79	3.73	3.68	3.64
8	5.32	4.46	4.07	3.84	3.69	3.58	3.50	3.44	3.39	3.35
9	5.12	4.26	3.86	3.63	3.48	3.37	3.29	3.23	3.18	3.14
10	4.96	4.10	3.71	3.48	3.33	3.22	3.14	3.07	3.02	2.98

Fcriticial = 7.71

De la tabla ANOVA vemos que el factor A no es significativo ni la interacción AB, mientras que el factor B es significativo.

Existe también una formula atajo para calcular la suma de los cuadrados directamente de la tabla de los coeficientes contrastes.

SS del Factor = n (Contraste del Factor)^2 / Numero de Coeficientes Contrastes

Donde n es el número de observaciones en cada celda y el número de coeficientes contrastes es el número de signos (+ o -) bajo cada factor.

	Factor		Interaccion	Respuesta	
	A	B			
Combinacion	Relacion Agua/Café	Cantidad de Saborizante.	AB	n1	Efecto
1	-	-	+	7	Ambos -
a	+	-	-	6	Alto A
b	-	+	-	9	Alto B
ab	+	+	+	10	Ambos +
Contraste	0	6	2		
Efecto	0	3	1		

$SS_A = 2(0)^2/4 = 0$

$SS_B = 2(6)^2/4 = 18$

$SS_{AB} = 2(2)^2/4 = 2$

En resumen:

- El Análisis de varianzas (ANOVA) es una técnica estadística para determinar si el efecto causado por un factor o la combinación de factores son significativos y no solo el efecto del error experimental.
- Cuando nos referimos a si un factor es significativo queremos decir que la respuesta obtenida debido al cambio de nivel en el factor bajo análisis es representativa estadísticamente y no producto de la variación por error experimental.
- Para construir la tabla ANOVA es necesario determinar los grados de libertad de cada factor (Df), después calcular la suma de cuadrados de cada factor (SS). Con los grados de libertad y la suma de cuadrados se obtiene la suma de cuadrados promedio (MS) que significa la variabilidad estandarizada de las diversas fuentes o factores. También se obtiene la variabilidad por error experimental. (MS_E). Con la suma de cuadrados promedio se obtiene el parámetro F que se calcula mediante la división de la variabilidad de cada factor (MS_A, MS_B) entre la variabilidad del error experimental (MS_E). Para saber si la variabilidad de cada factor es significativa, obtenemos la $F_{critica}$ que se calcula mediante la división de la suma de cuadrados de cada factor (MS_A, MS_B, MS_{AB}) entre la suma de cuadrados promedio del error (MS_E). Si el estadístico F de cada factor es mayor a la $F_{critica}$, entonces decimos que el factor es significativo.

Capítulo 12

Capitulo Bonus: MSA

(¿Tus mediciones son confiables?)

**"La calidad no es más que una serie de cuestionamientos hacia una mejora continua."
-W. Edwards Deming.**

No podemos finalizar esta guía sin antes describir y explicar las bases del MSA cuyas siglas en ingles significan **M**easurment **S**ystem **A**nalysis. Análisis del sistema de mediciones. Es necesario que antes de cada proyecto de six sigma, hagamos un análisis exhaustivo del sistema de mediciones dado que de ahí surgirán los datos utilizados en cada proyecto y necesitamos que esos datos sean confiables. El estudio MSA también será necesario al adquirir un equipo nuevo o cuando hay evidencia de que algo anda mal con el proceso de medición.

La variación en el sistema de medición puede afectar a los índices de capacidad de proceso como el C_p, C_{pk}, P_p, P_{pk}, etc. Es posible que esta variación en el proceso de medición sea bastante considerable o significativa a la variación total de la variable bajo estudio. Así, parte de la variabilidad observada en el producto se debe a la variabilidad de las mediciones y no a la variabilidad propia del producto. Las mediciones se pueden pensar a su vez como el resultado de un proceso, el cual se ve influido por causas del mismo tipo que afectan al proceso de producción. Es decir, al realizar un diagrama de pescado donde tenemos el factor Mediciones, se puede derivar en el factor medición, otro diagrama de pescado, considerando las 6M (Método, Mano de Obra, Medio Ambiente, Materiales, Maquina y Mediciones).

Es frecuente que al realizar una medición a cierta variable creamos ciegamente en los números que se generan, sin detenernos a cuestionar su calidad, sin preguntarnos cuál es el error que ese número trae consigo. Esta práctica puede tener consecuencias graves cuando se busca mejorar un proceso, puesto que, si las mediciones traen un error grande, los datos obtenidos son engañosos y las decisiones que de ahí se deriven tienen un alto riesgo de ser incorrectas. Por ejemplo, uno de los efectos más inmediatos de las malas mediciones es que puede ocurrir que un producto considerado defectuoso sea en realidad bueno, o que uno considerado bueno sea en realidad defectuoso

Variación Total Observada	Variación real del producto o proceso	Variación por otras Fuentes		
		Variación dentro de cada pieza.		
	Variación del sistema de mediciones (MSA)	Variación debida al equipo	Calibración. - Exactitud y Linealidad del Instrumento.	
			Exactitud (Bias). - Se refiere a que tan alejado es el valor observado al valor real o de referencia.	
			Linealidad. - Se refiere a como la exactitud permanece igual en el rango de posibles valores de la medición.	
			Estabilidad. - Se refiere a como la precisión del instrumento permanece consistente en el tiempo.	
			Resolución. - Se refiere a la división de unidades más pequeña que el instrumento está diseñado a medir.	
			Repetibilidad. - Variación observada. Entre menos variación, mayor precisión en el instrumento.	
		Variación debida a operadores (Reproducibilidad)		

REPETIBILIDAD Y REPRODUCIBILIDAD (R&R)

Ambos son los componentes clave de la precisión. La repetibilidad de un instrumento de medición se refiere a la precisión o la variabilidad de sus mediciones cuando se obtienen varias mediciones de la misma pieza en condiciones similares (mismo operador) y la reproducibilidad es la precisión o la variabilidad de las mediciones de la misma pieza, pero en condiciones variables (diferentes operadores). El objetivo de un estudio de repetibilidad y reproducibilidad (R&R) es cuantificar la variabilidad que aportan a los datos el instrumento de medición (repetibilidad) y la que aportan los operadores (reproducibilidad). Así, la repetibilidad se refiere a la variabilidad de las mediciones sucesivas de la misma pieza con un instrumento y el mismo operador, mientras que la reproducibilidad es la variabilidad de las mediciones que es atribuible a los diferentes operadores que miden una misma pieza.

Existen 2 métodos para estudios R-R descritos de forma general en la siguiente tabla.

			Salidas	Descripción	Formula	Desviación Estándar
Estudio R-R	Método Largo	Medias y Rangos	$\bar{R}_{A,B,C} \rightarrow \bar{\bar{R}}$	En base a los rango promedio ($\bar{\bar{R}}$), se obtiene la variación del equipo (VE).	VE=$\bar{\bar{R}}$K$_1$	$\hat{\sigma}$Repetib = VE/5.15
			$\bar{X}_{A,B,C} \rightarrow$Min, Max, Dif	En base a la diferencia de las medias y la variación del equipo se obtiene la variación del operador (VO).	VO=$\sqrt{(DifxK_2)^2 - \frac{VE^2}{nt}}$	$\hat{\sigma}$Reprod = VO/5.15
			LCS=$\bar{\bar{R}}$D$_4$ *Si se encuentra un rango por encima de LCS se identifica la causa y se corrige.	En base a (VE) y (VO) se obtiene el error de medición R-R	EM=R-R = $\sqrt{VE^2 + VO^2}$	$\hat{\sigma}$R-R= R-R/5.15
				En base al error de medición se obtiene el Índice de Precisión/Tolerancia.	P/T = $\frac{EM}{Tolerancia}$x100	0-10% Excelente 11-20% Bueno 21-30% Marginalmente Aceptable >30% Inaceptable
	Método Corto	Rango Promedio	P/T= Índice de precisión/Tolerancia	El P/T se obtiene mediante El EM =5.15($\hat{\sigma}$R-R)=K$_2$($\bar{R}$) K$_2$ Para 5 piezas y 2 operadores =4.33	P/T = $\frac{EM}{Tolerancia}$x100	0-10% Excelente 11-20% Bueno 21-30% Marginalmente Aceptable >30% Inaceptable

Los pasos para realizar un estudio R-R largo por Medias y Rangos se describe a continuación:

1. Seleccionar 2 o más operadores para conducir el estudio sobre el instrumento de interés.
2. Seleccionar al azar de la producción una muestra de 10 piezas que serán medidas varias veces por cada operador.
3. Decidir el número de veces que cada operador medirá la misma pieza. En este método se deben hacer por lo menos 2 ensayos, y 3 es lo más recomendado.
4. Etiquetar cada parte y hacer aleatorio el orden en el cual las piezas se dan a los operadores. Identificar la zona o punto en la pieza donde la medición será tomada y el método o técnica que deberá aplicarse
5. Obtener en orden aleatorio la primera medición (o ensayo) del operador A para todas las piezas seleccionadas.
6. Volver a aleatorizar las piezas y obtener la primera medición del operador B.
7. Continuar hasta que todos los operadores hayan realizado la primera medición sobre todas las piezas.
8. Repetir los 3 pasos anteriores hasta completar el número de ensayos elegidos. Asegurarse que los resultados previos de un ensayo no son conocidos por los operadores. Es decir, en cada medición realizada el operador no debe conocer cual pieza está midiendo, ni cuáles fueron sus mediciones anteriores sobre ella, menos las reportadas por los demás operadores.
9. Realizar el análisis estadístico.

10. Obtener el índice de precisión/tolerancia.

El método corto es un estudio de repetibilidad y reproducibilidad que permite estimar de manera rápida la variabilidad con la que contribuye el proceso de medición. En este estudio no se puede separar la repetibilidad (instrumento) de la reproducibilidad (operador), sino que vienen de manera mezclada. Los pasos a seguir en un estudio corto se mencionan a continuación:

1. Seleccionar dos o más operadores para conducir el estudio sobre un instrumento de medición dado.
2. Seleccionar un conjunto de 5 a 10 piezas que serán medidas por cada uno de los operarios. Las piezas no tienen que ser homogéneas; pudieran seleccionarse aleatoriamente o elegirse de manera que cubran todo el rango en que opera el equipo. Cada pieza se medirá solo una vez por cada operador.
3. Etiquetar o identificar cada pieza y aleatorizar el orden en el cual son dadas a cada uno de los operarios para que sean medidas.
4. Identificar la zona o punto en la pieza donde la medición será tomada y método o técnica que se debe aplicar.
5. Hacer los cálculos para determinar el error de medición. Se obtiene el rango del operador 1 contra el operador 2 en las 5 piezas medidas. Se obtiene el promedio de los rangos. El promedio de los rangos es el único parámetro necesario para determinar el índice de precisión/tolerancia.
6. Expresar el error de medición como un porcentaje de la tolerancia. Con base en esto emitir un juicio sobre la calidad del proceso de medición y decidir acciones futuras sobre el proceso.

¿Cómo contribuye un resultado inaceptable de R-R en el resultado de capacidad de proceso C_{pk}? Supongamos una situación ideal en la que no hay error de medición y el proceso de producción está centrado en las especificaciones con C_{pk} =1.0. Entonces si el error de medición (P/T) fuera del 20%, el C_{pk} que en la práctica se observaría seria de 0.98; pero si el error fuera de 50%, entonces el C_{pk} que se observaría seria de 0.89. De esta forma, en este último caso se estaría creyendo que la calidad es más mala (C_{pk} =0.89) de lo que en realidad es (C_{pk} =1). Todo por tener un mal proceso de medición (P/T=50%).

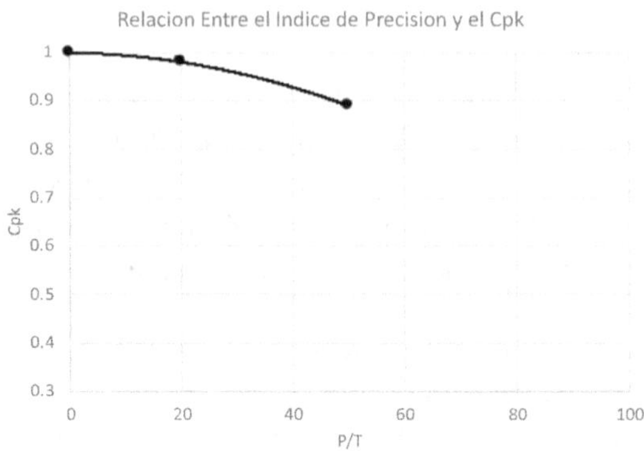

¿Qué hacer cuando el resultado que nos arroje el estudio de R-R sea inaceptable?

Si los resultados del estudio R-R son inaceptables es necesario analizar su origen, porque en primera instancia puede ser el instrumento, los operadores o ambos. Con respecto al instrumento puede ser que este sucio, algún componente del instrumento gastado, instrumento mal diseñado, funcionamiento inadecuado, dañado, mal calibrado, etc. Si el problema es el operador se debe de revisar los procedimientos de medición, estandarizar el método y entrenar a los operadores.

PRECISION Y EXACTITUD

Así como lo describimos en el capítulo 5, tenemos que la precisión se refiere a la variabilidad de los datos y la exactitud (sesgo) se refiere a que tan cercanos están los datos del target o valor real (referencia). Entonces, hablando de los instrumentos, **estos deben de ser capaces de mostrar una variabilidad aceptable, así como estar lo más cercano posible al valor real.**

La siguiente tabla muestra estas primeras características de los instrumentos.

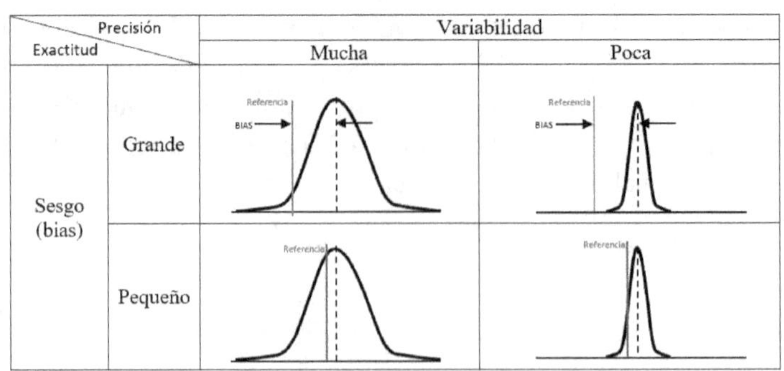

ESTABILIDAD

Esta característica se refiere a como la precisión del instrumento permanece constante a través del tiempo. Este tipo de estudios de estabilidad, tienen la ventaja de que en cualquier momento proveen información clave sobre el proceso de medición, lo que puede servir para decidir intervalos de calibración o el momento de realizar un estudio R&R.

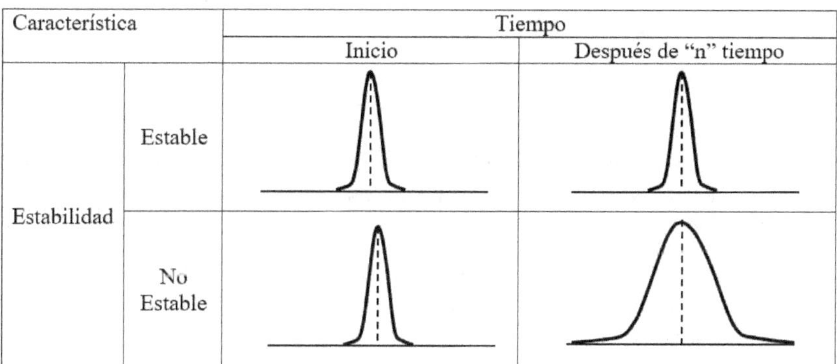

LINEALIDAD

Esta característica se refiere a como el sesgo o BIAS permanece igual sobre el rango de posibles valores de la medición.

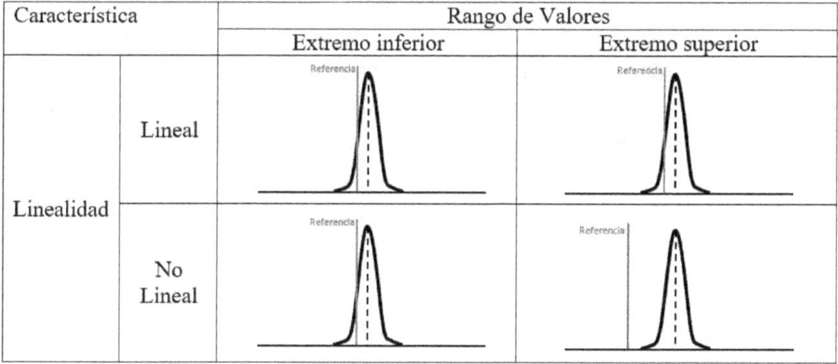

Monitoreo del sistema de Medición.

Los estudios R&R permiten tener una evaluación del proceso de medición en un periodo corto de tiempo y las conclusiones obtenidas son válidas, pero no para siempre. El estudio se debe de repetir cada cierto tiempo para conocer el estado actual del proceso de medición. En la práctica no es fácil decidir el intervalo de tiempo entre un estudio R&R y el siguiente, pero este depende del tipo de instrumento, de la intensidad de uso y de su capacidad reportada en el estudio previo, entre otros aspectos.

En resumen:

- El objetivo primordial de los proyectos de six sigma es básicamente reducir la variación en los procesos para aumentar la capacidad del proceso. Pero para reducir la variación tenemos que separar la variación que aporta el proceso de medición y decidir si esta es aceptable o no. De lo contrario podríamos estar emitiendo un mal juicio a cerca de la capacidad del proceso.
- El sistema de medición debe cumplir con 2 características fundamentales: Exactitud (no sesgado) y Precisión (Baja Variabilidad). La precisión se determina mediante un estudio de R-R y la exactitud mediante un estudio de sesgo o bias. Las demás características que debe cumplir el sistema de medición es que sea estable en el tiempo, y lineal en todo el rango de valores de la medición.
- Una característica muy importante al seleccionar un instrumento es la resolución. Es decir que el rango de medición del instrumento sea acorde al rango de posibles valores de la medición. Si queremos medir una característica en milímetros, la unidad del instrumento debe ser en milímetros (0.1). Si queremos medir una característica en micras, la unidad del instrumento debe estar en micras (0.001), etc.

Conclusión

Hemos llegado al final de este corto y superficial recorrido sobre el vasto mundo de la calidad y la metodología de six sigma esperando que haya despertado el interés en el lector de profundizar y dominar las técnicas de six sigma para resolver problemas y poder convertirse en un solucionador profesional de problemas.

Six sigma es como un gran rompecabezas en el cual, cada pieza, representan los diferentes elementos y técnicas estadísticas que componen esta disciplina. Quizás para el ingeniero que comienza en este mundo, pudiera parecer abrumador tanta información, pero mediante una dosis de paciencia y constancia puedes dominar a profundidad el tema.

¿Cuál es el futuro de six sigma? Siempre que existan datos, existirá six sigma ya que six sigma no es una moda sino una forma analítica de presentar información. Six sigma ha profesionalizado las metodologías de solución de problemas. Al insertar el elemento matemático a una metodología simple de solución de problemas six sigma ha tomado relevancia e importancia suprema en los lugares de trabajo de todo el mundo. El estándar y lenguaje actual de calidad en boca en todos los ingenieros de proceso es y seguirá siendo six sigma. Six sigma seguirá expandiendo sus dominios a muchas otras áreas de la actividad humana. Siempre que tengamos procesos que arrojen datos y distribuciones normales podremos aplicar six sigma. Y datos normales son abundantes en muchas áreas y profesiones.

Es curioso que los japoneses precursores de calidad superior, actualmente no den tanta relevancia al nombre six sigma como tal. Nosotros hemos investigado un poco la razón al interactuar con ellos durante un largo recorrido de trabajo. Con referencia a la calidad, el lenguaje de ellos más que six sigma lo llaman TQM. Total Quality Management. Ya que six sigma esta incrustado en TQM. Ellos creen que el elemento técnico o estadístico no es lo más importante en la búsqueda y mejora de calidad. Lo más importante es el management combinado con capacidad técnica y una profunda filosofía, principios y valores que se manifiestan en las relaciones e interacciones entre cada una de las personas que conforman una organización y cuyo máximo ideal se transforma de solo producir un bien a fabricar productos de calidad superior.

Esperamos que esta guía haya aportado a la capacidad técnica de cada lector.

¿Podremos ir más allá de six sigma? La idea de la mejora continua sugiere que, si es posible que la mejora sea infinita y bajo tal sentencia podremos algún día cambiar de six sigma a infinity sigma.

Gracias por leer esta guía definitiva de six sigma.

Glosario de términos Six Sigma

Capítulo 1

> - Six Sigma. - "Estándar de calidad que solo permite 3.4 piezas defectuosas en un millón de oportunidades".
> - DMAIC. - Metodología para resolver problemas que se compone de 5 etapas: Definir, Medir, Analizar, Mejorar y Controlar.
> - Calidad. - Es la habilidad, cualidad o capacidad de satisfacer los requerimientos del diseñador de manera consistente y con poca variación, así como las necesidades del cliente al menor costo.
> - Sistema de Calidad. - Definición de las relaciones e interacciones entre departamentos de una organización para el funcionamiento fluido y correcto. Mediante la ejecución de políticas y procedimientos internos de la compañía.
> - PDCA. - Metodología para resolver problemas basada en el círculo de Deming: Planear, Hacer, Checar, Actuar.
> - TQC. - Siglas que significan Total Quality Cost. Es el costo total de Calidad. El cual tiene 2 componentes: El Costo de Calidad (Prevención e Inspección) y el Costo de la no Calidad (Corrección de fallas internas y externas).

Capítulo 2

> - Problema. - Diferencia entre una situación actual y la ideal.
> - Enfoque Deductivo (Teórico). - Buscar una solución a un problema de lo general a lo particular. Es decir, de las leyes o principios a los fenómenos o hechos concretos.
> - Enfoque Inductivo (Práctico). - Buscar una solución a un problema de lo particular hasta identificar y concluir la causa raíz.

Capítulo 3

> - Promedio. - Centro de gravedad de los datos.

- ➢ Mediana. - Valor exactamente a la mitad de los datos ordenados de menor a mayor.
- ➢ Moda. - Valor que más se repite en un grupo de datos.
- ➢ Mínimo. - Mínimo Valor en un grupo de datos
- ➢ Máximo. - Máximo Valor en un grupo de datos
- ➢ Rango. - Diferencia entre el máximo y mínimo valor.
- ➢ Dispersión. - Nivel de cercanía o lejanía de los datos con respecto al promedio.
- ➢ Varianza. - Parámetro para calcular la desviación estándar.
- ➢ Desviación Estándar. - Parámetro para calcular la dispersión
- ➢ Población. - Conjunto total de datos.
- ➢ Muestra. - Conjunto de datos extraído de la población.
- ➢ Muestra Aleatoria. - Datos extraídos sin sesgo o tendencia.
- ➢ Variable Aleatoria. - Valor obtenido al azar
- ➢ Variable Aleatoria Discreta. - Valor al azar de un conjunto limitado.
- ➢ Variable Aleatoria Continua. - Valor al azar de un conjunto ilimitado.
- ➢ Exactitud. - Nivel de dispersión de los datos con respecto a un rango definido (tolerancia).
- ➢ Precisión. - Nivel de dispersión de los datos con respecto a cierto valor (target).
- ➢ Box Plot (Diagrama de la caja). - Herramienta para comparar y hacer análisis de datos.

Capítulo 4

- ➢ Distribución Normal. - Grupo de datos que al agruparlos de menor a mayor forman una curva de campana.
- ➢ Teorema de la distribución normal. - Si una variable aleatoria cualquiera (x) está normalmente distribuida podemos aplicar la función $(x-\mu)/\sigma$ para obtener Z y de esta forma encontrar su probabilidad.
- ➢ Distribución normal estandarizada. - Es una distribución normal con parametros de $\mu=0$ y $\sigma=1$ cuya probabilidad en cada uno de sus valores de Z, ya está previamente determinada.
- ➢ Skewness. - Nivel de simetría de una distribución normal. Este valor para una distribución normal estándar es cero.
- ➢ Kurtosis. - Nivel de dispersión de una distribución normal. Este valor para una distribución normal estándar es cero.

- Z short-term. - Variable estándar Z calculada a partir de una variación de corto plazo o libre de causas especiales. Es decir, un grupo homogéneo de datos.
- Z long-term. - Variable estándar Z calculada a partir de una variación de largo plazo o con causas especiales. Es decir, un grupo heterogéneo de datos.

Capítulo 5

- Capacidad de Proceso C_p. - Habilidad de un proceso de producir valores dentro de ciertos límites de especificación. Representa la tecnología del proceso. Un valor menor a 1 significa que hay defectos. Un valor mayor a 1 significa que no hay defectos.
- Nivel de Capacidad C_r. - Valor que indica el porcentaje que ocupa el grupo de datos en la especificación. Un valor menor a 1 indica que no hay datos fuera de especificación. En cambio, en valor mayor a 1 indica que hay datos fuera de especificación.
- Capacidad de proceso real C_{pk}. - Determina la capacidad de proceso para un grupo de datos no centrado.
- Índice de Localización K. - Mide en términos relativos y porcentuales que tan descentrada o alejada esta la media de un proceso (μ) respecto al valor nominal (N) para la característica de calidad.
- Índice Z.- Mide el número de Sigmas con el que se desempeña un proceso. La meta es lograr 6 sigmas. Se obtiene al calcular la distancia entre las especificaciones y la media del proceso (μ) en unidades de desviación estándar (σ).
- Índice de Taguchi C_{Pm}. - El índice de Taguchi es similar al C_{pk} que toma en cuenta de forma simultánea el centrado y la variabilidad del proceso. Es decir, es la relación entre la variación permitida y la variación real considerando el efecto de un proceso descentrado.
- Relación de capacidad de largo plazo P_p.- Se calcula igual que el C_p solo que se utiliza la desviación estándar de largo plazo (población). Representa la tecnología del proceso combinada con el control de la tecnología.
- Desplazamiento o movimiento del proceso Z_{mov}. - Diferencia entre la capacidad de corto plazo y largo plazo. $Z_{mov}=Z_{ct}-Z_{lt}$.

Capítulo 6

- ➢ Regresión Lineal. - Herramienta estadística para permitir hacer estimaciones en base a un grupo de datos de 2 variables.
- ➢ Correlación. - Estudio de causa y efecto entre una variable dependiente y una independiente que determina el grado de dependencia entre las 2 variables.
- ➢ Diagrama de dispersión. - Diagrama utilizado para realizar una regresión y correlación.
- ➢ Comportamiento lineal. - A medida que una variable X aumenta, la variable Y también aumenta o disminuye de forma inversa en la misma proporción.
- ➢ Sobre respuesta. - Significa que ya no hay comportamiento lineal y la respuesta puede ser exponencial.
- ➢ Saturación. - Significa que ya no hay comportamiento lineal y la respuesta se satura. Ya no hay cambio en la variable Y mientras la variable X aumenta.

Capítulo 7

- ➢ Intervalo de Confianza. – Rango de valores entre los cuales se encontrarán los parámetros de una población con cierta confianza y que se obtiene mediante los estadísticos de la muestra.
- ➢ Confianza. - Probabilidad de estar 100% en lo correcto menos la probabilidad de estar equivocado.
- ➢ Coeficiente de confianza. - La probabilidad de estar equivocado.
- ➢ Grados de libertad. – Parámetros que definen las distribuciones T de student, ji-cuadrada y F, y se determinan a partir de los tamaños muéstrales involucrados.

Capítulo 8

- ➢ Hipótesis. - Es una suposición hecha sobre algo en el entorno. Algo que se puede probar por medio de experimento u observación.
- ➢ Hipótesis estadística. - Es una afirmación que hacemos sobre los valores de los parámetros de una población o proceso que es susceptible de probarse.

➢ Prueba de Hipótesis. - Método para comprobar que lo observado no se debe al azar sino es un efecto con fundamento.

➢ Hipótesis Nula H0. - Creencia que inicialmente se asume como verdadera hasta que se demuestre lo contrario con los datos de la muestra.

➢ Hipótesis Alternativa H1. - Creencia opuesta a la hipótesis nula. Nueva teoría o un estándar alternativo.

➢ Principio de decisión. - Se rechaza la hipótesis nula H0 a favor de la Hipótesis alternativa H1, si los datos de la muestra (estadístico de prueba) muestra una fuerte evidencia de que H0 es falsa. De otra manera no se rechaza H0.

➢ Estadístico de Prueba. - Parámetro que se determina mediante los datos de la muestra.

➢ Región de Aceptación/Rechazo. - Es el conjunto de todos los valores del Estadístico de Prueba para el cual la hipótesis nula será rechazada. El estadístico de prueba se compara con el valor de alfa (α) que significa "Área de Rechazo" o "Región Critica".

➢ Significancia predefinida. - Riesgo máximo por correr al rechazar H0 de manera indebida.

➢ Significancia calculada P-Value. - Es la probabilidad que arroja el estadístico de prueba y puede ser mayor o menor a la significancia predefinida. Evalúa que tan bien los datos de la muestra soportan el argumento de que la hipótesis nula es verdadera. Es el más bajo nivel de error al cual estadístico de prueba es significativo.

➢ Error de significancia. - Este error se da cuando la Prueba declara la hipótesis nula como no verdadera, pero en realidad si lo es. Esto significa rechazar algo que en efecto es verdadero.

➢ Error de sensibilidad. - Este error se da cuando La prueba declara la hipótesis nula como verdadera, pero en realidad no lo es. Esto significa aceptar algo que no es verdadero.

Capítulo 9

➢ Gráficos de Control. - Herramienta estadística para controlar la variabilidad de los procesos.

➢ Dentro de Control estadístico. - Significa que los datos que esté arrojando el proceso son normales. Es decir, los datos forman una distribución en forma de campana y que los datos se encuentran dentro de +/- 3 sigma.

➤ Grafica X-R.- El propósito más fundamental de las gráficas X-R es controlar el promedio representado por "X" y la variabilidad de una medición mediante el rango representado por la "R".

➤ P-Chart. - El propósito de las P-Chart es controlar el porcentaje defectivo de un proceso. La letra P de la P-chart viene de la palabra proporción.

➤ Causas aleatorias. - Son causas comunes o normales de variación en un proceso estable. (Tecnología del proceso).

➤ Causas asignables. - Son causas especiales de variación o eventos repentinos que causas inestabilidad en el proceso (Control de la tecnología del proceso).

➤ Índice de Inestabilidad S_t. - Numero que determina que tan inestable es el proceso tomando en cuenta los puntos anormales (especiales) entre el total de puntos por 100. Para considerar que un proceso tiene buena estabilidad, un valor entre 0 y 2% se puede decir que es un proceso con estabilidad buena. De 2 a 5%, regular; y en la medida que S_t supere estos porcentajes se considera que tan mala es su estabilidad.

Capítulo 10

➤ Diseño de Experimentos. - Hacer pruebas involucrando varias variables en diferente nivel y ver cómo responden en la respuesta de salida o característica de calidad que deseamos manipular.

➤ Respuesta. - Característica de calidad que deseamos manipular.

➤ Factores y Niveles. - El diseño de experimentos considera escoger los factores relevantes y los niveles apropiados para realizar las pruebas.

➤ Combinaciones. - Las combinaciones o tratamientos se determinan seleccionando el nivel de cada factor, que serán usados en las pruebas.

➤ Repeticiones. - El diseño recomienda correr 2 veces cada combinación para obtener 2 resultados y después promediarlos. El promedio será usado como la respuesta de cada combinación.

➤ Ruido del experimento. - El "ruido" se refiere a las condiciones ambientales que no son deliberadamente cambiadas como parte del experimento, pero cambios en ellas podrían influenciar los resultados del experimento.

➤ Secuencia de Pruebas. - El diseño debe especificar la secuencia en la cual las pruebas deberán de realizarse la cual debe ser de forma aleatoria.

➤ Aleatorización. - Las pruebas no se corren en el orden indicado en el diseño; es recomendable hacerlas de forma aleatoria.

➤ Interacción. - Se dice que hay interacción en los factores cuando el efecto combinado de ambos factores es significativo.

Capítulo 11

- ➢ ANOVA. - El procedimiento ANOVA es usado para decidir si una diferencia significativa existe entre las medias de las poblaciones de los resultados generados por las diferentes combinaciones de tratamiento en un experimento.
- ➢ Promedio de los cuadrados MS.- El promedio de los cuadrados representa las contribuciones estandarizadas de variabilidad por las diferentes fuentes estandarizadas por el número de observaciones dentro de cada fuente.
- ➢ Error cuadrado promedio MSE. - Representa la variabilidad en los datos atribuible solo al error experimental, o variabilidad de factores de ruido inexplicados.
- ➢ Criterio de significación. - Si la variabilidad de un factor es mucho más grande que la variabilidad del error experimental podemos concluir que el factor es significativo.

Capítulo 12

- ➢ MSA. - Análisis del Sistema de Mediciones.
- ➢ Variación Total Observada. - Es la combinación de la variación real del producto o proceso más la variación del sistema de mediciones.
- ➢ Calibración. - Exactitud y Linealidad de un Instrumento.
- ➢ Exactitud. - Se refiere a que tan alejado es el valor observado al valor real o de referencia.
- ➢ Linealidad. - Se refiere a como la exactitud permanece igual en el rango de posibles valores de la medición.
- ➢ Estabilidad. - Se refiere a como la precisión del instrumento permanece consistente en el tiempo.
- ➢ Resolución. - Se refiere a la división de unidades más pequeña que el instrumento está diseñado a medir.
- ➢ Repetibilidad. - Variación observada. Entre menos variación, mayor precisión en el instrumento.
- ➢ Reproducibilidad. - Variación debida a operadores.
- ➢ R&R.- Estudio para determinar la Repetibilidad y Reproducibilidad de un instrumento.

ACERCA DEL AUTOR

El autor es Ingeniero Mecanico Elecricista egresado de la Universidad Autonoma de Nuevo Leon. Facultad de Ingenieria Mecanica y Electrica. Maestria en Administracion de Negocios por la Universidad del Valle de Mexico. 15 años de Experiencia en la industria automotriz en el área de control de Calidad.